素食地圖系列 ⑫

小農餐盤

——48 道人間覺味　蔡招娣　著

舌尖上的體悟──覺

　　《人間福報》、人間社有一群陣容堅強的義工記者，來自各行各業，他們有豐富社會經驗，加上行佛願力，長期以文字般若饗宴讀者，而蔡招娣即是其中佼佼者，兩年多來，她奔波三千公里農路，帶回當季盛產蔬果，在佛光山惠中寺義工夥伴巧手烹調下，化為一道道美味蔬食，每一道皆蘊含小農感人故事，為《人間福報》專欄端上一篇篇「人間覺味」，如今水到渠成，集結成書，出版《小農餐盤──48道人間覺味》，為《人間福報》蔬食、環保、愛地球宗旨盡份心力，值得嘉許。

　　《六祖壇經》云：「佛法在世間，不離世間覺」。人無法離世而修，因此在世間生活，六根對應六塵，其所經歷食衣住行育樂等，皆能從中悟道。而蔡招娣從食出發，在採訪過程，深刻感受農民純樸、善良、堅毅與刻苦的一面，因此書中每道蔬食介紹，皆有農民飽嘗風霜與艱辛的人生故事，當佳肴入口咀嚼，當下滋味，想必難以言語形容，這種舌尖上的體悟，就是「覺」。

　　蔡招娣為了《人間覺味》，花了兩年多時間，跋涉三千公里，每

趟旅程，沿途風景與人物，皆有意境，如憶起同為農人的父母，更能感同身受，為小農發聲，當心有所悟，化為一篇篇文章，讓讀者心有戚戚焉，蔚為佳話。

蔬食是全球潮流，福報更將其納為宗旨，廣為宣傳，更在官網設有蔬食地圖網站及福報購，蒐羅全台數千家蔬食業者資訊，方便讀者查詢使用，而蔬食就能減少殺生，就是護生，更能節能減碳，達到環保。

所以福報文化出版《小農餐盤──48道人間覺味》，推廣蔬食，讓讀者在家也能烹調出人間美味，也從農人辛苦中，珍惜糧食，惜物愛物，共同保護我們的家──地球。

人間福報社社長　妙熙

5

以大人物翻轉農業

　　蔡招娣出生在有「水果之鄉」美譽卓蘭鎮的農家子弟，當年她父親的果園種的是「軟枝楊桃」。在她的記憶中，當農民像是一個賭徒，必須與天候、病蟲害、市場行情博弈，是一種風險極高的行業。學建築設計的她，長大後決定離開家鄉，在建築設計業服務，長達三十多年。

　　由於健康因素提早退休，招娣在過去的兩年多，跋涉了三千多公里的農路，造訪有機或自然農法的農場，將當季的食材帶回由烹飪專家示範蔬食料理。招娣則從離農子弟角度，撰寫了四十幾位農民的故事，闡釋農民從農場到餐桌養活人命的歷程中，將作物經由食材廚藝成為料理，結合生產、生活、生命與土地緊緊聯繫的密碼，發表在《人間福報》的「人間覺味」專欄。報社決定將系列文章集結成書，書名為《小農餐盤──48道人間覺味》，即將出版，可喜可賀。

　　招娣在這幾年親身貼近農民、田野時，看到農地政策自2000年改變以來，田地被種電、被種別墅，目睹我當年擔憂的農地流失，像一把慾望的火延燒在珍貴的農地上，把台灣的農地價格炒成全世界最高

的國家。報社提到推薦序時，招娣說，在歷任農委會主委中，只記得的一個名字「農委會主委彭作奎」，因為那代表一個以國為要、以農民為先的風骨，因此期盼我能為此書推薦。

很高興看到招娣在她的新書中，有許多大專畢業的農二代投入農業行業，以科技、創新、組織與差異化等策略翻轉農業。歸納書中青農的特徵是，作物的選擇多是高價位、高技術門檻的產業，如無花果、朝鮮薊、設施農業等。以產品差異性打開藍海市場，如黃金火龍果；以策略聯盟拉長與拉高農業的價值鏈；以品牌強化產品在市場的辨識性；以產銷履歷驗證，避免有機作物價格被市場當成慣行農法操作。農民會為自己小而美的農園賦予商標，更積極到農會與大學，甚至前往國外研習，汲取農業相關知識；考取證照、開發環控APP，為自己生涯找到專業與信任。其中有位青農帶領一群理念相同七、八年級生說「農業是一項偉大的志業」，希望有更多青年投入新時代生產糧食、蔬果的行列，以大人物（大數據、人工智慧、物聯網）掌握食安商機，創造共榮共好的農業與食安環境。

農業是生產糧食的方式，也是呈現特定區域或族群，透過農業、食物形塑生活方式及文化的社會意義。書中訪問的資深農民，或因退休、或因健康等因素，甘之如飴的住在不富裕的農村，過著自己想要的踏實生活。雖然在其他行業有相當的經歷，他們仍虛心學習經由與食物、農民、自然環境和善知識互動過程，認識在地的農業，將生命

的底蘊銘刻在大地中。

西方諺語「人人日進三餐，能說農業無關？（If you eat, you are involved in agriculture）」。書中蔡招娣用優雅的文字提供許多正能量的信息，讓看來平凡的農產品，注入信念與價值成為自然界的翡翠。細膩描述所觀察的人、食物與土地的關係，期讓社會了解農業生產、飲食、環境生態的關聯，深有同感，聊作序言，願關心這塊土地、農業與食品安全的讀者，別錯過了這本好書。

前農委會主委
前中興大學校長、中興大學名譽教授　彭作奎

食在有情覺有情

　　我只知道招娣是詩人，於舉手投足間常散發著一身詩意；並不知她同時會寫菜、擅長講故事。直到拜讀她在蔬食園地版所闢「人間覺味」專欄，一則則深情的動人故事，搭配一幅幅農間景致，與似乎聞之有味、視之可餐的佳肴圖片，才恍然明白她原來是這般全能。

　　招娣有一付悲憫的心腸，及細膩入微的觀察力，既能說會寫，還透過她的諦觀默察，發掘事物外的幽隱之情。在她筆下，再尋常的食物都帶著無限的感情，一如背天面土的純樸農夫的溫厚情愫。

　　人間事的每一個呈現，雖看似無奇，其實都有背後的因緣與深意。所以，種田只是種田嗎？非也，五穀雜糧、百味蔬果都非僅是食材。

　　「回鄉米」的主人種的不僅是對親人的懷念，還有物我同悲的溫情；崑崙山皮薄多汁的金黃批杷，背後記載著一面之緣的無私傳承，是人性中極其珍貴的慷慨，彷彿為我們呈現一次古人的身影。

　　富良的田豈只是農場，更是以酵素友善農耕的模範生，一鏟一袋的微生物都是珍愛土地的心意。一如卑微的我們，謹慎地行走在人間，日日落實著雖微細卻不絕如縷的三業善行。

　　鮮綠的芥菜偏涼寒嗎？它卻有溫潤的家人的厚味；苦茶油呈現的是山中傳奇、難與外人道的生命起落。還有各座菇棚裡上演的甘味人生，及酪梨草莓火龍果所流淌的蜜汁，都帶著動人的故事，在角落裡默默地發酵，同時等待時節因緣，有朝一日將噴薄而出，與人間結無限善緣。

　　食物不僅是食物，專注於農務其實是另一種修行，在驕陽烈日下流汗，在風雨飄搖中堅持，實實在在的咀嚼人生。

　　48道食譜，48則或更多膾炙人口的故事，記載著散落在台灣各處角落，山巔水湄、鄉間泥濘的種種良善行持，彰顯了生而為人的可貴，與從艱難中所歷練來的生活智慧。

　　這些美好，藉由招娣生花的妙筆，具體而微的開展，讓我們雖不識其人，但從中卻得到許多啟發。捧讀之，口角生津之外，心弦更為之悸動。

　　「食」非小事，《金剛經》尚以「食時著衣持缽」始。菩薩名覺有情，招娣作品結集名之為「人間覺味」，想其自是在傳「味」之外尚有企圖。書成邀序，盼望招娣持續發揮大好的筆墨才情，藉由書寫，躬行人間菩薩行。

佛光山惠中寺住持　覺居

三千里路尋覺味

　　從遼闊的平原到險峻大山，2年三千多公里的農路，將台灣逾40位農民的側寫搬上餐桌，我曾以為那些我用雙腳丈量過的土地，透過文字，能掏洗我半生疾馳在紅塵裡的雨霧風雲。

　　直到2020年秋天，古坑「心境探索學會」的彭姐在採訪過後盛情的留我吃晚餐，餐前還張羅我泡藥草浴；黃昏的農地上，田中央簡單搭建的鐵皮屋旁，柴燒的大灶上，日晒過後的小金英在鍋子裡熬出漫漾空氣裡的芳馥，當我興致高昂也幫忙推著薪柴入灶時，廚房傳來吆喝吃飯的聲音，一種素樸、幸福的感動，霎時像天火霹靂打在心尖，我竟隱忍不住掩面痛哭。

　　那天，四野吹來回憶的季風，淚水終於為我換來一個明白，這一段路，我探訪的不僅是農民從土地滋養生命所創造的奇蹟，更是尋索父親為養活一家，那日復一日，將辛苦難耐的情緒埋進土地裡，再一鏟一鏟播下我現在才懂的幸福。

　　幸福，沒有標準答案，有時需要歲月才看得懂。

　　2018年底，我從工作37年的建築設計經理人職務退休，旋即投入

佛光山惠中寺的寺務，成為一名全職義工，同時在《人間福報》社長妙熙法師給予的機會中，開始撰寫「人間覺味」專欄。料理絕對不只是廚房那面積3坪大的事，幾經思索後，我決定親自踏上那些養育我們的土地，貼身觀察作物成長的環境，並將每一個農民獨特的故事獻給讀者。

從雲林四湖海邊到海拔二千多公尺的福壽山，我看過5公尺高的酪梨樹，也在陡峭的蘋果園裡，彎身在只有130公分的棚架下；為了接受一份我曾在同是農民的父母臉上看過的盛情，我不惜因為咬下一口甘蔗，導致顳顎關節疼痛至今。田地，寄宿著農民的耕耘人生，這些出現在我中年過後美好的生命章節，已芬芳的潛入心底，我要用文字向他們致敬，並感謝他們的友誼。

走訪田野，將食材帶回家料理，承蒙惠中文宣團隊的攝影夥伴和廚師好友的協助，一切依時進行；直到2019年10月，向來幫我做料理的寶秀姐，在一次清晨的急診被診斷罹癌，眼看著嚴酷的病情就要打斷我們規劃的秩序，沒想到動過腦癌10小時手術的她，在出院3周後堅持要繼續到我家做料理。

11月的秋風不冷，寶秀姐穿著厚重冬衣在攙扶下蹣跚走進廚房，她耗盡力氣坐著切菜，由溫財源大哥扶著才能站在爐台前料理，那一刻，我含淚看著身罹肺腺癌、腦癌、全身70%骨頭感染癌細胞的香積勇者，正在用生命微光定義她手中每一道料理。

　　「文學夢」是我年少心中的一座雪山，感謝妙熙法師助我攀登夢土，無憾圓夢。我也要特別感謝佛光山中區總住持覺居法師，讓我在無數次的機會中，與惠中文宣夥伴在文字裡盡情揮灑，奠定書寫基礎；我37年只做過一個工作、一個老闆，退休至今他仍按月支薪，讓我無憂的在文字中浪漫優游，他是我敬如父兄的劉界澧建築師。

　　農路蜿蜒、山路婉轉，都是人生，謹以此書獻給為這片土地奉獻一生的農民，及我的農夫父親——蔡漢泉。

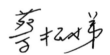

CONTENTS

PART /1

春
的 宴 饗

PART /3

秋
的盛筵

PART /1

春

的宴饗

驚蟄開始

春天的花盅

裝著原野的光彩

一場奢華浩蕩的甦醒就要上演

在油菜花田裡

在新茶芽尖上

慢慢的

繁開出繾綣在廚房裡的

人間美味

醬香竹筍烤麩

　　離開青農歐孟堅在雲林斗南的農園，後照鏡映著他站在深蘊綠意的田邊微笑送別，明明是萬物舒展的春天，溫厝角的田野上，午前陽光灑在第一期稻作新秧上，水田浮光新碧迤邐，眼前是一片大好新象，然而我的心，在拜訪農民兩年多，在長征近3000公里的農路上，卻首次感到一股惆悵湧上心頭。

　　「如果他是我的孩子，我會支持他從農嗎？」回台中路上，我不斷在內心問著自己。

　　「蕉您來好康」農場主人歐孟堅，1990年出生在一個技術藍領家庭，大學主修企管，一如預期，就像爆竹的引線，他沿著所學專業一路行去，在規畫的路線上準備點燃未來。畢業後，他順利在家鄉一家股票上市的紡織公司任行政職，過著朝九晚五、收入穩定的生活。

　　從小的家庭記憶裡，老屋前20坪的假日農場，總是有父親勞作的身影，即使電機維修的工作繁重，但揮汗得淋漓暢快，卻是父親歐崑壽的的紓壓方式。2015年歐爸租地種香蕉作起兼農，身高182公分，長得謙遜英挺的歐孟堅，自然成為他的第一幫手，這也開展成日後這個大男孩與農業的人生重逢。

　　21歲茹素，性格謹默自慎的歐孟堅，經過5年規律的步調，他不

願被困在同一個章節裡，難以往前跨頁，28歲那年，他拿出叛逆般的熱渴，朝農而去。

決定投入農耕前一年半，歐孟堅每天花3小時閱讀作物相關知識，逐漸奠定理論基礎後，他利用上班前後一個小時和假日進行田間實作及管理，在充分做好準備投入躬耕後，為了更深入且系統化的學習，他遵循農民學院的進程，從農藝入門到有機葉菜、設施蔬菜的經營管理，他的叛逆不只是短暫的青春期，他是玩真的。

農耕現場，歐孟堅用一天10至12小時的勞動作為新手農民的入門，他在承租1.25公頃的農地上栽種烏殼綠竹筍、紅鬚玉米筍、香蕉和火龍果，2020年5月獲取有機轉型期標章；他傾力投注的農園，一整年收入雖未達之前上班的薪水，但每天清晨4:30起床的那個年輕人，只要無悔向前，我相信輔以智慧化操作，寬泛的未來必然生機遨展。

在臉書上看到孟堅要到台中工業區喬福集團擺市集，特別前去，準備把沒賣完的全打包上車，沒想到午休不到一小時，熱情的員工買氣旺盛，副總來俊吉在最後匆匆趕到，豪氣的說：「剩下的我全買。」如果更多像這樣的企業支持，友善農作，必將吸引更多農民奔赴。

勢必是艱辛的路，「如果他是我的孩子，我會支持他嗎？」我不是理性的母親，我還沒有答案，但作為見證過土地的一名消費者，我要向所有懷抱信念的農民致敬。

雖然吃苦是農民的天命，但每一滴埋入土地的汗水，終將不虛擲他們的歲月，因為，那是一份養活人命的神聖天職。

醬香竹筍烤麩

料理示範：林寶秀

· 食材 ·

烏殼綠竹筍	1支（約400g）
烤麩	150g
鮮香菇	8朵
胡蘿蔔	90g
青豆仁	50g
乾川耳	5g

· 調味料 ·

油	1.5大匙
醬油	1大匙
醬油膏	1大匙
糖	1大匙
鹽	1小匙
水	1碗

· 作法 ·

1　乾川耳泡發，竹筍、胡蘿蔔切滾刀塊、鮮香菇刻十字花、青豆仁洗淨。

2　烤麩沖洗乾淨將水分捏乾，乾鍋中放0.5大匙的油，用小火將烤麩煎約7分鐘後撈起備用。

3　鍋中放入1大匙油用中火燒熱後，沿著鍋邊將醬油加入熗香，隨即將水倒入鍋中，待水滾後將竹筍放進去拌炒，蓋鍋煮10分鐘後，加入 作法1 與 作法2 的材料和醬油膏、糖和鹽，轉小火再煮15分即可。

23

枇杷百合木耳露

　　和堂妹心蓮約在往中橫谷關方向的和平國中前，準備拜訪同屬東勢青農聯誼會，在崑崙山種植枇杷的農民劉旼錦。由於google地圖無法定位，加上山路崎嶇，在梨山種梨的堂妹婿賴慶金，怕我的技術難以應付峻嶺高崖，因此要我轉搭他們的車前往。

　　才上車坐定，農場主人特別安排前來領路的好友黃佳樟，帥氣揮手示意後，便一溜煙的逕自飛奔上山，把沿途不斷尖叫的我們，遠遠拋在腦後。

　　行馳在自然天裁的山野，3公尺左右的林道旁春色酩酊，但我卻無心放眼它的燦爛，仰坡70°高的陡峭山勢嚴峻，因為前一夜大雨，還一度讓車打滑，最後我們只好棄車步行，還好山屋就在不遠，而一臉清澈笑意的大男孩劉旼錦，此時也來到我的眼前。

　　1986年出生東勢農家的劉旼錦，畢業於台灣觀光學院餐飲系，學齡前曾跟隨種植蘋果的父親前往廬山屯原部落。彼時，四野芳華就是他的宇宙，而這樣的記憶後來也成為他微笑頷首於農耕之路的導航。

　　2010年軍中退伍的劉旼錦，適逢東勢高接梨大興於市，因此他選擇留在家鄉幫親戚的梨園農作，一年後，25歲的他向舅舅借貸30萬，在東勢石角麻竹坑租了1.3甲的土地，投入看似平凡卻不簡單的

農事。3年後,當經濟漸趨穩定,他又增租了一甲地種植高接梨,得勢於年輕力壯,除了農忙時必須雇工幫忙外,這些高經濟作物的大小事,全由他一手操辦,直到2016年,他與妻子古雅文組織家庭,從此田園牧歌不再形單影孤。

歷時10年山野的躬耕琢磨,並沒有在劉旼錦身上留下一點獷莽的氣息,反而換來被曠野自然圓熟的純淨素樸,正是這樣一眼就能博得他人好感的神采;2017年,才喪夫不久的江銀燐女士在友人的牽介下,僅是一面之緣,就把自己在崑崙山耕作一生的土地,以非常優渥的條件賣給這位幸運的年輕人,不僅是三十幾年的健康果樹,園區設備、栽種技術,甚至通路盤商全都無條件奉送。

山屋裡,金黃飽滿的枇杷堆滿檯面,江銀燐一邊熟捻的揀選包裝、一邊爽朗的告訴我:「旼錦一年367天都在果園工作,這樣的年輕人找不到第二個,把果園交給他我很放心」。

小時候祖父曾種過枇杷,至今我仍印象深刻的記得自己坐在種著金針花盛開的田埂上,吃著枇杷那種酸徹神經的滋味,從此對它再無好感。沒想到幾近半世紀後,崑崙山上在老農智慧與年輕思惟的攜手合作下,枇杷的滋味,為我點亮驚喜,來自高原日夜溫差所淬鍊的甜味,真讓人欲罷不能。

枇杷百合木耳露

料理示範：林寶秀

溫馨小叮嚀

此道湯品，也可加入薑片和紅棗一起熬煮，對氣管有很好的幫助。冰涼後，沁入湯裡的花香更是別具風味。

· 食材 ·

枇杷	8顆
紅棗	8顆
鮮百合片	150g
新鮮白木耳	100g
糖	4大匙
水	1500c.c.

· 作法 ·

1　百合剝片、枇杷去核對切，白木耳撕成小片備用。

2　紅棗用水煮10分鐘後加入枇杷、百合和白木耳，中火煮5分鐘，起鍋前再加入糖即可。

川耳醋拌小番茄

　　趕在小番茄最後採收時節，走訪了田尾公路花園旁經營「富良田農場」的主人林子良。3月的第一天，走進輪種小番茄和小黃瓜明亮敞大的溫室，春天的信使是一抹閃亮的陽光，也是溫室邊邊角角上旺生的大蔥、芹菜和山茼蒿，即使是邊緣作物不是農場主流，它們仍有自己的精進，株株青綠挺拔。

　　45歲才從商場轉戰農場的林子良，1970年出生在台中梧棲，童年因為家中5甲地的水稻勞作，讓沒有假日的7個兄弟姊妹發誓長大後一定要離農而去。退伍後，終於一個振翅高飛的機會將他帶離鄉野，從餐廳外場、賣車業務到1996年前往上海管理四姊夫經營的保齡球館。沒想到才近四年光陰，保齡球館就從繁華走入燈熄火滅。

　　滯台一段時間後，林子良2001年再度前往東莞，同樣在四姊夫的事業體擔任廠務經理。期間，他歷經唯一的兄長往生，面對無常迅速、造化弄人，一夜之間，他從么兒變成獨子，加上2011年他與妻子李玫鳳相識結縭，在親情的催化下，為了孝養父母、不再與妻子相思兩地，2014年他決定返台定居。

　　行馳在花園公路，眼球很難不被「富良田農場」日式風格建築和造景吸引，美麗的田園加上顏值頗高的農民夫妻，浪漫劇的錯覺很難

29

讓人想像那是歷經5年艱辛，還有背後親情力量撐起夢想所換來的成果。

「悽慘！」有著美麗雙眸的李玟鳳，用這樣的字眼形容素人從農的前五年。或許是在外征戰多年，中年返台的林子良環視睽違18年的台灣，覺得性格已難融入喧囂擾嚷，他想脫下西裝、卸下領帶，與他年少的誓言重修舊好，重返土地。這樣的想法得到四姊林彩芬和姊夫葉耀文的支持，他們不但無償提供田尾近二分地給他搭建溫室，不忍住在貨櫃屋的弟弟飽受冬凜夏烈的煎逼，2015年時，更建築了一棟寬敞美麗的日式別墅供他居住。

由於林子良的父親、李玟鳳的母親都出身農民，不菸不酒卻罹患肝癌，因此農作之初兩人便決定選擇有機種植。林子良說，在農委會課程中，他接觸了農耕酵素並結識用酵素種稻的兼農陳世通，在他的引領下走入環保酵素共耕的世界，進而讓他成為催生「彰化縣環保酵素友善農耕協會」的推手之一。

李玟鳳的娘家，從3歲的姪子到86歲的老父，都是農場裡徒手拔草的義工，而林子良的親人除了開闢銷售管道，連爬山都要帶一把鏟子、一個夾鏈袋幫他帶回「土著菌」，一種林地落葉腐熟的腐植土，讓他培養土中的微生物運用在農地上。

來自玉女小番茄友善耕作、酵素培育的醒目果香，我想，這應該是林子良最引以為傲的名片。

川耳醋拌小番茄

料理示範：林寶秀

· 食材 ·

乾川耳	25g
小番茄	8顆
薑絲	12g
香菜	少許
小黃瓜	1條

【醬汁】

素蠔油2大匙、黑醋、白醋和糖各1大匙、香油、辣油各1中匙拌勻。

· 作法 ·

1　川耳用水泡開後多換幾次水洗淨備用。

2　鍋中放水用大火煮沸放入薑絲、川耳，等水再滾一次即可起鍋放進保鮮盒，並加入 醬汁 ，涼後放入冰箱冰一天讓它入味。

3　將小黃瓜用刮皮器刮成片狀裝飾擺盤。小番茄洗淨切3段、香菜切1公分左右，一起放進川耳中拌勻後，倒入裝飾好的盤中即可。

櫛瓜溫沙拉

　　為了尋訪櫛瓜蹤跡，首次行馳在78號東西向快速道路，春天的四野浥翠，迢闊的平原上，羅布著雲林農民四季勞作的樸拙野趣，公路盡頭的風力發電機，像世界的邊緣杆立著一支定海神針，指引我前往四湖鄉這個沿海聚落，探訪有機耕作農民林輔賢。

　　林輔賢家門前是一方寬廣的水泥晒穀場，上午10點，在毫無遮蔽的陽焰炙烈下，屋前的鐵架上，陳列著剛採收完數量驚人的蒜頭，正坦蕩的在高溫下揮發多餘的水分，同樣被熱氣蒸騰的，還有刻苦的農家慈母——林媽媽，切著愛子堅持有機種植的洋蔥，汗流浹背的為家人午餐備料。

　　1977年出生雲林縣四湖鄉的林輔賢，輔大資訊管理系畢業後，這個在2020年最受企業喜愛的私立大學冠軍的亮麗學歷，並沒有將他推向業界，他選擇留在家鄉，在父親經營生產有機肥料的「萬生農產加工廠」幫忙開車，為遍佈全台的農民送貨，直到2011年，因為不忍放租的土地遭人蹂躪毀敗，他才正式投入農業生產，從前兩年的慣行農法，到2013年已成為堅持有機種植的躬耕者。

　　或許是年少時受父親林清雄的影響，林輔賢這一段田野修練，一樣懷抱理想、擁抱群眾。在台灣農業史上，發生於1988

年從抗議進口到體制改革的「520農民運動」，是美麗島事件後，最嚴重的街頭抗爭事件，但它卻對未來農業政策有著至關重要的影響，而林清雄先生就是當年起草這項農運的農民之一；2000年他曾擔任二任農權會會長，目前則是台灣農權總會理事。

為農民爭取權益的路上，他的父親和激情的農民一起怒吼，而林輔賢則選擇這個和平世代最溫柔的方法──分享，他走進校園推動食農教育，從小學到大學；為了將所學、經驗無條件教給對這片土地有心的人，他從農村走向都會；為了避免有機作物價格被市場當作慣行農法操作，他從田地步上媒體舞台。

「我沒有孩子，但我希望將乾淨的土地延續給下一代」。目前單身的林輔賢這樣告訴我。

沿著舊虎尾溪旁的曲徑蜿蜒，種著小黃瓜和櫛瓜的溫室裡，林家大姊秀玲、二姊芳庭正彎身幫忙弟弟採摘已經完滿成熟的櫛瓜。拿著青綠和鮮黃兩種色澤美麗的有機櫛瓜，林輔賢說，台灣農產品是世界最好，我希望藉由政府之力推向全世界。

說到農業，林輔賢的眼神總是熱情洋溢，我知道，他的綠色革命還在繼續。

櫛瓜溫沙拉

料理示範：林寶秀

· 食材 ·

櫛瓜	2條
洋菇	100g
小番茄	100g
油	1茶匙
橄欖油	1大匙
九層塔葉	15片

· 調味料 ·

鹽	酌量
黑胡椒粒	1/4茶匙

· 作法 ·

1 所有食材洗淨，10片九層塔切絲、用刀將洋菇傘面輕劃井形，櫛瓜切片。

2 鍋中倒1/2茶匙油，放入櫛瓜煎2分鐘後盛盤放涼。鍋子洗淨後再倒入1/2茶匙油，將洋菇煎8分鐘，放入5片九層塔和鹽，並加入1大匙水，翻炒收汁後即可起鍋。

3 不洗鍋放入小番茄，乾煎約3分鐘後撈起。

4 將料理好的櫛瓜、洋菇和小番茄放入大碗，依序加入切絲的九層塔、橄欖油和黑胡椒粒，拌勻即可。

椒麻炸物綻雙香

　　永祥是台中交通隊員警，由於有莫少聰的外表、許效舜的喜感，在社區是一個很受歡迎的暖男。我們都愛種花草，加上孩子年齡相仿，雖然住在公寓，往來卻如同親人，每逢休假日他會回芳苑探視年邁的雙親，返回台中的那個晚上，他一定按電鈴並泡一壺好茶，等我去拿大袋新鮮時令的蔬果。

　　6年前我搬離公寓入住靜巷，但每周前院門邊放著的鮮綠菜色，依然隨著季節輪番上陣。陳媽媽知道我是忙碌的上班族，山藥會先處理好切片冷凍，拿到手的菜，一定是挑好整齊的包在報紙裡，能事先做的，她一樣都不馬虎，給予子女的照顧也細微的普及他們的朋友，對曾痛失愛子的她來說，失去，不是愛的銷蝕與瓦解，而是學會積極和悲傷和解。

　　吃了十多年陳家自然農耕的蔬菜，從職場退休的第一年春天，我沿著148號公路，在刺桐木新芽挹翠中，拜訪陳家父母。座落在文津村孤居的宅宇，大廳高懸著「母儀典範」的牌匾，這一方在2013年彰化縣政府頒給許寶香的殊榮，正好面向王功漁港，如同她的母愛，不論生命滄浪如何險遽，她總是迎風面對。

　　二十多年前，陳家長子因長期為憂鬱所苦，父母雖上求神明、下

覓良醫，但在一個秋日午後，他卻自縊於家中，留下父母深埋迄今的痛。許寶香說，嫁入陳家前幾年她苦無子息，在重重壓力下她求神問卜、摘花換斗後果然順利得子，但這個求來的孩子卻在20歲那年，為她帶來重重一擊。

為了栽培弟妹從小失學、為了組織家庭含辛茹苦，一生勞動付出的許寶香，在不斷的試鍊中學會從消極的認命，轉換成積極去關愛生

椒麻炸物綻雙香

料理示範：滕淑君

【醃料】
十三香粉少許、鹽適量、香油1小匙

【蘸粉材料】
乾麵粉1碗、麵糊1碗、樹薯粉1碗（食材蘸粉時須依此順序）。

· 食材 ·

生豆包	3片
大杏鮑菇	3朵
茴香頭	半顆
芝拉起司片	3片
薑	3片
紅辣椒	2支
去殼花生	少許

· 調味料 ·

鹽	1茶匙
花椒粉	2小茶匙
胡椒粉	少許
沙拉油	半碗

命中所擁有的一切，在幫忙耕種六甲蔥田之餘，她和陳爸在住家旁的二分多地種稻和季節蔬果，連花生油、料理米酒都不假手他人，努力照顧好子女的健康，成為她最大的願望。

　　到芳苑吃炸蚵嗲是許多觀光客行旅此地的回憶，而我，帶著芳苑陳媽媽送的蘆筍，請淑君為我做一道沙拉，善解的她，卻端上一盤噴香的炸物讓我解饞。

· 作法 ·

1　所有食材洗淨，將茴香頭半顆切碎，紅辣椒2支切丁。

2　杏鮑菇汆燙5分鐘，撈起放涼後剝成大片並劃上十字刀花，將 醃料 均勻抹在杏鮑菇與豆包上浸置約半小時。豆包展開鋪上起司片（餡不外露），捲起備用。

3　將 作法2 食材外層依序裹上蘸粉入鍋油炸（油溫約120°C～160°C），炸至金黃色後起鍋，將油瀝乾切片盛盤。

4　另取一小鍋不加油，先將茴香頭、紅辣椒、薑片下鍋煸香，再加入 調味料 拌炒至收乾後，均勻鋪撒在盛盤的炸物上，最後淋上香油、撒上花生粒即可。

5　可搭配自己喜歡的泡菜或油醋沙拉，即使盛夏也是解饞去油膩的好選擇。

晶瑩剔透蘿蔔盅

　　2018年10月，在醫師警告下，為了日益升高的血糖，我參加了一個低升糖飲食計畫課程，在氛圍活潑熱鬧的教室裡，張婉菁在眾人當中，嫻靜的氣息像秋晚的星芒閃爍，蕩漾著一種特別的修養，後來熟捻了，才知道她原來也同是佛光人。

　　婉菁家住日月潭頭社，母親和妹妹在當地經營民宿「蔓條絲裡浮田小屋」，舅舅則在屋旁種植絲瓜和佛塔花椰菜，聽說因為地處「活盆地」特殊地質，所栽種的蔬菜特別鮮甜，趁著每個月都要到日月潭出遊的機會，於是順道前往民宿拜訪婉菁媽媽蕭寶鏡女士。

　　早春的大花咸豐草在陽光下瀟灑離塵，靜靜的漫生在民宿旁，彷彿輝映著圍牆內的主人自然無爭。蕭寶鏡是一名退休的小學教師，一生奉獻給原住民部落的學童，22歲住進學校宿舍，直到三十年後結束執教生涯，才帶著在偏遠山區目睹與體會到的艱辛生活經驗，和走過的人生風霜，在老家旁購地建屋經營民宿。

　　除了經營民宿，蕭寶鏡還在集集特有生物保育中心、玉山國家公園和日月潭風景區管理處擔任義工，延續她教育的理想；退休後更忙碌的她，如數家珍的對我專業解說身旁那片傳說中「消失的日潭」。她說，頭社盆地原本也是一座淺湖，後來因為泥沙淤積造成潭水慢慢

消退，而形成泥炭土盆地，據說早期在頭社盆地的田地上，只要用力踩踏或跳躍，附近的地都會跟著抖動，因此活盆地又有「曼波田」之稱。

　　頭社盆地位於海拔600多公尺，氣候溫和怡人，當地農民所生產的農作物以絲瓜為最大宗，因此成為全國最高海拔的絲瓜專業生產區，由於得天獨厚擁有世界少有的泥炭土，及世界唯一盆地形的草泥碳區，泥炭是全世界最廣泛最重要的有機質培養材料，因此栽種的蔬

晶瑩剔透蘿蔔盅

料理示範：林寶秀

· 食材 ·		· 調味料 ·	
白蘿蔔	1條	素蠔油	少許
金針菇	半把	鹽	酌量
芹菜	5枝	香油	少許
香菜	2根		
素火腿	2片		
番茄	1顆		
枸杞	8粒		

果都相當清脆香甜，蕭寶鏡說，許多民宿客人是因為想念她早餐做的絲瓜麵而回籠的。

　　我沒有趕上絲瓜產期，但離開前，蕭老師送我二條白蘿蔔，沉甸甸的重量讓我想起三十年前，她甘於在芳華正盛時隱入山林，一生為原鄉部落孩子付出的情義。

　　帶著心光晶瑩的人種的白蘿蔔回到我的紅塵，希望蘿蔔盅能裝滿我內心的敬仰。

· 作法 ·

1　食材洗淨後，白蘿蔔削皮切5公分小段（可用圓型模具整型）後中間挖凹洞，金針菇切1公分小段，芹菜去葉不切綁成一束，素火腿切細絲、香菜切末、枸杞泡水，番茄橫切片約0.5公分備用。

2　將水煮沸後放入少許鹽、芹菜和白蘿蔔（芹菜水可以讓蘿蔔增加香氣），大火煮約6分鐘後熄火再燜5分鐘，起鍋放涼。

3　香油倒入鍋中燒熱，先將素火腿炒酥，再放入金針菇和香菜拌炒後，加入一點水、素蠔油和鹽調味，再放入蘿蔔凹槽後上面飾以2粒枸杞和一片香菜葉。

4　將番茄片放入盤中再放上蘿蔔盅，最後淋上用煮蘿蔔的水加少許太白粉做成的勾芡液即可。

花盅朝鮮薊

　　距離上次到福壽山農場，已是2011年11月的往事。當時趁著外子收假前，約了幾個好朋友一起上山採收我們認養的蘋果，還記得才剛採完水果，外子就接到山難的消息，他立即返回工作崗位，隨後一架救難直升機降落福壽山停機坪，機翼鼓動的巨大風力和聲響，讓我不禁懷疑緊挨著機場旁的房子，能住人嗎？沒想到九年後，透過女兒的老師許雅萍，我認識了住在這個「機場第一排」的養蜂人舒偉仁。

　　1974年出生在福壽山智莊的舒偉仁，父親因為國共戰役隨政府撤退來台，60年代初期在部隊安排下，前往福壽山拓荒墾地，成為在此落地生根的先驅。雖然他在4歲時和哥哥就隨母親搬到台中就學，但寒暑假他依然難逃農家子弟的宿命，小小年紀就開始在父親的耕地上投入勞力。

　　主修醫務管理的舒偉仁，退伍後告別大山裡的風雨勞作，成為一名企業健檢專員，直到2017年，由於公司業務變動必須調職台北，幾經考慮並在妻子的支持下，他決定重返生養他的山林成為一名養蜂人。

　　由於自己的醫務背景，即便是務農，舒偉仁仍懷抱益世助人的原則，他說，養蜂前幾年他就爬梳文獻，用自己當白老鼠透過抽血檢查印證它對身體的好處。在海拔2300公尺高原上定點養蜂，原以為山中

花草能供養蜜蜂無虞，但冬季實在太漫長，在無花可採時，他必須想方設法栽種能延續花期的植物，因此在一位香草達人的建議下，他開始種植具有養肝、護肝營養功效深受生技公司喜愛的朝鮮薊（洋薊），讓他的蜜蜂有花可覓。

2020年才開始，一場冰雹落在舒偉仁第一次將採收的400棵朝鮮薊和藍莓上，一年的辛勞終究抵不過上天一次嚴峻的臉色，「每天都有新鮮事」他輕鬆的說著幾乎所有農民都會經歷的沉重，「我給自己5

花盅朝鮮薊

料理示範：林寶秀

· 食材 ·

朝鮮薊	1顆
小番茄	5粒
洋菇	40g
玉米筍	3支
青椒和紅彩椒	各50g
九層塔葉	10片
檸檬	1顆

【蘸醬】

檸檬汁1茶匙、芥末子1大匙、美乃滋50g調拌均勻。

· 調味料 ·

橄欖油	1大匙
鹽	1/4茶匙

年，相信一切將會好轉。」希望他的這一場修練，能早日功德圓滿。

　　通過柳杉大道後，渲染著瀲豔美景的福壽山，在暖陽煦照下，智莊前的台地上，色態嫣然如月上浮花的朝鮮薊花，雖飽受山林清寒，仍讓身旁的山櫻花成為綴飾它的配角。

　　帶著在歐洲有「蔬菜之皇」美譽的朝鮮薊下山，珍貴的食材，相信值得更美味的生命體轉變，不只饕餮人們，而是提醒，它背後的付出與情感。

· 作法 ·

1　所有食材洗淨。將朝鮮薊花莖部分切斷，花形前端約1/3的範圍全部切除，再用剪刀修剪花蕾尖端後，為避免朝鮮薊褐化，隨即用檸檬塗拭，並將朝鮮薊的花苞稍微撥開後，和檸檬一起放進鍋中，蓋好鍋蓋用中火煮約45分。煮好後，將花形倒扣瀝乾水分，待涼時，用湯匙將花心內部絨毛全部挖除後放在盤中。

2　將洋菇切片、玉米筍切段、青椒和紅彩椒切1公分左右小塊丁。油鍋中放入洋菇拌炒，釋出香氣時放入玉米筍、青椒和紅彩椒約5分鐘後，放入鹽和九層塔，再拌炒1分鐘即可起鍋。

3　將 [作法2] 填入呈花盅的朝鮮薊裡，即成色味俱佳的料理，可一邊享用鮮蔬，一邊剝下花蕾加 [蘸醬] 食用。

減重美食滷豆腐

　　2018年清明節我失去父親，服喪期間因為要務在身，強忍傷痛後，沒想到竟讓憂鬱纏身。歷經半年的悲傷，隔年10月，我決定用減食、運動形成身體和意志不得不的專注，希望振作自己重回人群，沒想到經過14周，我竟甩肉11公斤，腰圍少了13公分，意外的為自己找回健康。

　　2010年冬天，我在一次不明原因的昏倒，到院時收縮壓230mmHg、舒張壓110mmHg，經過九個月59次門診，才被確診罹患罕見的「皮質醛酮分泌過多症」，肇因於兩側腎上腺長瘜肉。隨著歲弛日深，膽固醇和高血脂終於找上我，加上2015年因為切除子宮體重暴增，健康更像失速列車偏離我原本的生命藍圖。

　　2018年秋天，就在醫生準備對我開出第三張抑制血糖的連續處方箋時，我在孟鴻開的咖啡廳，遇見瘦了一大圈卻氣色奇佳的乃竹，在她的分享後，我馬上決定追隨她「吃愈多瘦愈多」的低升糖飲食智慧減重，幫助自己控制血糖。在為期3個月的飲食計劃中，我大量吸收健康飲食觀念、學作無油料理，改吃含Omega3的好油、避免Omega6造成身體發炎的危害，三餐一份蛋白質二份蔬菜全自己烹煮，飲食中並戒絕「澱粉」和「糖」。

　　前一周，我每餐吃一塊催過芽的「鹽滷豆腐」或四塊「豆乾」作為蛋白質，再搭配2至3碗各種當季蔬菜，為了避免餓肚子，二餐中間吃少量水果，睡前則補充蔬菜條或木耳汁。豆腐的凝固劑，除了石膏，還有鹽滷；會食用鹽滷豆腐是因為「鹽滷」從海水萃取，雖然價錢高一點，但天然又含有蛋白質、異黃酮和鈣質，加上催過芽的黃豆，會將部份寡糖分解，較不會產生脹氣，相對於一般黃豆，它的蛋白質、維生素含量比較高且熱量低。

　　執行這項飲食兩個月，我在一次高血壓回診時，醫師不可置信的看著過去那個屢勸不聽的我，飯前血糖從127mg/dl降為117mg/dl，三酸甘油脂從212mg/dl變成120mg/dl，膽固醇也有好表現。其實，一開始我也認為自己撐不久，尤其是許多友善的敵人帶著我愛吃的蛋糕、炸物現前，要堅持更是一大考驗，沒想到我竟然做到了。

　　除了低升糖飲食，晚餐後我也力行一周2次運動。對我來說第一周最艱辛，除了飲食改變，運動更是我的罩門，但為了揮別悲傷，我像修練一般苦著心志、勞著筋骨，在婉菁、秀慧、麗名幾位朋友的陪伴下，聽話照做的撐過第一個星期。雖然，剛開始步行在暗夜的文心森林公園我會邊走邊哭，但後來我會遙呼已經在西方、喜歡走路的父親，他經行我繞佛，感受著我們在一片蓮池中同行。

　　如果您有體重和健康問題，趁著夏天前，找幾個朋友一起下定決心、作好計畫。減重不要一個人踽踽獨行，別太相信自己的意志力，因為有時候連影子都會背棄我們。如果您準備好了，不妨就從這道我常吃的料理開始吧！

減重美食滷豆腐

料理示範：林寶秀

· 食材 ·

催芽鹽滷豆腐	2塊
鮮香菇	7朵
雪白菇	半包
香菜	2顆
老薑	4片
辣椒	2根
八角	2顆

· 調味料 ·

醬油	130c.c.
水	600c.c.
麥芽糖醇	1.5大匙 （或糖1大匙）

· 作法 ·

1 豆腐每塊切成二等分、香菇去梗刻花、香菜切半（梗葉分開）、頭的部分拍碎、雪白菇3、4朵剝成一份備用。

2 將豆腐、香菜梗、八角、老薑、辣椒（依個人喜好酌量）和醬油放入冷水中，用中火煮沸後加入糖醇調味，轉小火烹煮15分鐘後，放入香菇和美白菇再煮5分鐘即可起鍋。

3 擺盤完成的豆腐、鮮菇上面，可飾以香菜和辣椒絲增加風味。

高麗菜福袋捲

　　每年清明返鄉掃墓，我習慣獨自步行陡坡，山徑旁荼蘼韻香、艾草萌動，一片清明開植的野花野草，總能癒我塵勞，我也喜歡佇足善意橋，遠眺石角溪畔初春露溼新妝的田野；而今年卻讓我在蓁蓁野莽的記憶中，發現一座耕作有成的「實栽農園」。

　　信步走入空無人跡的農場，虛空中隱隱佛號聲，像諸天撒落的甘露，浸潤著生機盎然的菜畦，讓原本就寧靜的田野更增添一種湛寂的氛圍，有那麼恍然一刻，我以為自己置身在一座殿堂，而身邊的道侶，是那一株株人身綴換的蒼蘿植蔬。那天，四處蒐羅不見人蹤，但家鄉能有一座有機農場畢竟讓我難以忘情，幾天後，我終於聯繫上遠在台北的幸汝，也才知道因為一場世紀大震，駘蕩出的世情芬芳和形成共住、共享里仁之美的理想。

　　幸汝的公公徐炳烘先生，因為製作包裝材料聽佛學錄音帶，而成為一位潛心修持的行者，不但在家中成立「勢至念佛會」共修處，他小小的搬運機更曾在鄉間的夜晚一次擠滿18位參與共修的人，直到921大地震毀損了屋宇，傾頹了東勢大部分的校園。

　　正當3個孩子面臨無校可讀的窘況時，「中華無盡燈文化學會」創會理事長唐瑜凌適時伸出援手，安排了當時遭遇同樣困境的4個家庭12個孩子前往台北，直到學業完成。當時孩子不但受到妥善的照

顧，父母也能安心在災區重建家園，這是學會「共住」模式最早的形成。

多雨的早晨，在「實栽農園」的木屋裡，我見到幾位草創初期的靈魂人物，管理網站的幸汝、目前任職於經部標準檢驗局的技正陳世昌、擔任園長的黃茂盛和世居東勢石角的徐炳烘；他們暢談著如何因為「中華無盡燈文化學會」共住的信念，希望藉由占地2500坪的農場，開展「用共住經營共中不共的淨土」，用社區概念一起打造他們心目中的理想國。

回首二十幾年來，我經常和志同道合的朋友談起希望能在鄉下找一塊地，大家住在附近，過著自給自足、互相照顧的生活，然而時光在清談中蹉跎。

看著眼前「實栽農園」的烏托邦如園中的綠芽，正逐日蓊鬱滋榮，理想和完成當中的距離原來是——實踐。帶著農場裡健康有機的高麗菜，請寶秀姐做一道融和有味的福袋捲，祝福養身養心的共住信念，有月華入盤、理想緊繫，並打造出更豐美曠闊的生命之歌。

高麗菜福袋捲
料理示範：林寶秀

· 食材 ·

高麗菜葉	4大片	薑	3片
鷹嘴豆（雪蓮子）	30g	胡蘿蔔、香菜、芹菜	少許
鮮香菇	3朵	油	1大匙
生豆包	2塊	黑胡椒粒	酌量
水蓮	4條		

· 作法 ·

1　鷹嘴豆泡水2小時，電鍋外鍋放半杯水蒸熟；高麗菜和水蓮稍為汆燙即撈起。生豆包、鮮香菇和胡蘿蔔切小丁；香菜、薑和芹菜切末，備用。

2　餡料：鍋中放入油將薑末爆香，再放入香菇、胡蘿蔔丁拌炒，轉小火依序放入豆包、黑胡椒、芹菜、香菜、鹽和糖拌炒約8分鐘後盛起。

3　高麗菜葉鋪平將中間的硬梗削薄，中間放入 作法2 的餡料，用水蓮輕輕綁好，完成後用剪刀稍加修飾，再放入鍋中蒸4分鐘即可起鍋盛盤。

菠菜碧玉捲

　　首次造訪糯米產量占全國1/4的「糯米原鄉」彰化縣埔鹽鄉，才轉入大新路，一片水田迤邐，狹仄的農路綿長，只有一排香附子，茂密長在質地堅硬又養分極少的水泥地上，像素樸的符碼，遠遠向我揭示「禾長生態農場」已經到了。

　　步入「禾長生態農場」，二分半的田地上，ㄇ形七里香的綠籬將這片二十年來堅持自然農法的耕地向外結護，場長陳和長說，正後方超過2公尺加種的兩排羅漢松，是用來抵禦東面來自鹿港的強烈季風。密實的綠牆，像見證這一方土地的風雲書，字裡行間透露著高大粗曠外表下，農場主人的體貼和志氣。

　　目前在員林經營「中貫電信工程公司」的陳和長，1960年出生於彰化福興鄉，3歲時母親因生產後重病多年，5歲時因為一場水災，將家人居住的土角厝沖毀，因此，全家不得不前往父親打工的鹿港，棲身在困厄艱辛的環境中。他說，小時候家裡很窮，為了幫母親治病，父親不得不變賣祖產籌措醫藥費，為了精簡用度，他們也曾度過炒粗鹽拌飯的生活，這種「呷飯攪鹽」寒傖的日子，最終成為他的養分，長養出堅韌的性格和明確的人生方向。

　　國中畢業後無力繳交學費的陳和長，在鹿港做起水電學徒，一年

後他在彰工補校繼續圓他的升學夢，並在29歲那年創設「中貫電信工程公司」。當事業開始有了起色，他始終沒有忘記自己曾暗立誓言，一定要重返家族榮光，他要掙回為母親治病失去的那兩分地，撫平她經常唱嘆對祖上的那份歉疚。

　　1994年正值創業的陳和長，在妻子周淑惠的支持下，和大哥合資買了「禾長生態農場」現址農地，兄弟兩人終於合力解開母親多年來用遺憾打成的心結。2001年，70歲的父親從農事退休，陳和長正式接手這塊土地，他沒有假手他人，而是選擇成為一名董事級農民。

　　他研究福岡正信自然農法，從有機稻米耕作到近年改種400棵火龍果、50棵芭樂、50種藥草和各類蔬菜，二十年來他不灑農藥、不用化肥，貫徹的不只是愛護生態、提供有機作物給少數幸運的消費端，更是他2008年開始在法鼓山依止的信仰中，將心靈的陽光雨露揉進他以農為傲的歲月。

　　因為一份對農耕的鍾情，陳和長早上5點從員林到18公里外農作，8點多回公司上班。一支鋤頭，二十年風月，它像翻動一本寂寥的書，唯有靜得下來的心才能讀懂，原來，那是一個聞著風，也能微笑的地方。

菠菜碧玉捲

料理示範：林寶秀

· 食材 ·

菠菜	1把
新鮮豆包	4塊
蘋果	1顆
檸檬汁	1大匙
小番茄	1粒

【蘸醬】

芝麻醬25g、糙米醋1大匙、糖1大匙、醬油2大匙、芝麻油1/2茶匙調拌均勻。

· 作法 ·

1　菠菜、小番茄和豆包洗淨。水煮沸後放入菠菜汆燙，待水再次滾沸後，即可起鍋放涼。將冷卻的菠菜切成2段，用壽司竹簾邊捲邊壓，充分擠掉水分備用。

2　將豆包攤開，放入滾水燙一下殺菌後馬上撈起來放涼，每一片豆包切成2片。

3　蘋果去皮切成細條狀，為避免氧化再放進檸檬水中，過水後瀝乾水分備用。

4　將10根菠菜和8根蘋果條放在攤平的豆包上，慢慢捲成柱狀後對切，擺盤時上面用小番茄細丁裝飾，食用時搭配麻香風味 蘸醬 即可。

59

藍莓檸檬塔

　　馳行在重機朝聖之路省道136，春天像一首青綠的歌，迎來風的節奏、山花的香恬。離台中市太平區市中心雖然才三十分鐘車程，但位在番寮的「呼密・藍莓農場」，山路起伏狹仄，高大的我即使開著休旅車，偶爾幾個落差大的陡坡，仍會看不見前方落下的路，緊扼方向盤的手，一路微微發麻。

　　在年輕的農場主人帶領下，第一次看到美麗的藍莓樹，說它是樹？它更像是沒有帶刺的玫瑰花叢，長著白色鈴鐺花，柔軟秀氣的在風中搖曳，而它的風顏很像主人的氣質，濃濃的書卷氣在太陽下，纖細中流竄著一種柔韌。

　　1981年出生的林煌仁，中興大學環工所畢業，退伍後即在光電業服務迄今，目前擔任管理階層職務，負責良率改善事務。已經成為台灣知名光電企業的科技新貴，平常應是壓力沉重，為甚麼放假日還要往山上跑？手上這一付好牌，很多人會用來享受生活，但他說：「透過農作能釋放壓力。」體力活，能為生命找到平衡，這是他喜歡的生活方式。

　　母親35歲才生下林煌仁，當時兄姐已經在外就學，因此他在3歲後就跟隨父母在山上生活，直到上大學前，他幾乎沒有假日、沒有自己休閒的時間。然而，他卻沒有像大部分農家子弟一般，長大後逃離

鄉野，他鍾愛大自然的古沉土拙，置身其中讓他覺得胸臆無限開闊。

2016年，因為年事已高的父親自農事退休，林煌仁在分得的土地上種起苦茶樹，成為假日農夫；隔年，他在幾經評估後選擇入門門檻高，能和市場區隔，且不太需要農藥的「藍莓」作為主要作物，成為台灣藍莓專業種植的先驅。因為受限於上班無法每天前往果園，他於是尋求科技管理，從灑水、施液肥、溫溼度控制到監測土壤PH值，都能從遠端掌握狀況，充分將所學運用在農耕上，得以事半功倍。

那天，退休的父親林文容先生一見到我，完全零距離的在斂靜的

藍莓檸檬塔

料理示範：林怡君

溫馨小叮嚀

所有材料須保持室溫狀態，否則吉利T會瞬間凝固，易造成失敗。

· 食材 ·

中型塔皮	4個
鮮奶油	25g
吉利T粉	3g
細糖	15g
白開水	15g
牛奶（室溫）	30g
奶油乳酪（室溫）	50g
檸檬汁（室溫）	15g
新鮮藍莓	120g
防潮糖粉與薄荷葉	適量
檸檬皮刨細末	少許

山崁邊，指著葉子鮮少的藍莓，用他一甲子農耕經驗對我絮絮說著：「沒有葉子的果實怎麼會長得好？安全用藥可以解決很多蟲害問題，勸都勸不聽。」老父的疼惜遇到愛子守護大地的心意，注定要棄械投降的。

目前「呼密·藍莓農場」網室有機栽種的品種有比洛克西（Biloxi）、密斯提（Misty）等共20個品種、300多棵。鳳頭蒼鷹徘徊的山頭，闃寂得能聽見山花落下的聲音，陽光下，林煌仁採了一把自己用心栽種的果實要我品嘗，溫和的酸甜中帶著薄薄花香味，滿滿的花青素在口中爆漿，醬吃，很過癮。

· 作法 ·

1　鮮奶油打發至打蛋器提起時，奶油呈柔軟彎鉤狀。

2　奶油乳酪和10g細糖拌勻，倒入檸檬汁拌勻備用。

3　吉利T粉與5g細糖攪拌均勻後，加入白開水和牛奶混合融化。

4　將　作法3　材料放瓦斯爐小火加熱2分鐘，趁熱倒入　作法2　的乳酪糊中混合拌勻。

5　打發好的鮮奶油拌入乳酪糊中攪拌均勻，再用湯匙舀入塔皮裡約八分滿，放入冰箱冷藏4小時後取出，上面再擺放藍莓，並依序撒上防潮糖粉、檸檬皮細末，最後飾以薄荷葉即可食用。

迷迭香燉飯

　　因為返鄉辦讀書會認識了幾位自然農耕農友，其中種植香草的羅益勝讓我印象最深刻，他主動提供讀書會場地，成員本身或家中大小事，他會像守護天使一般給予關心，是我近來在故鄉山城識得的一抹芬芳。

　　在種滿迷迭香等數十種香草的園區，羅益勝引進山泉水豢養雞鴨，那些在花樹下像寵物、喜歡親人撒嬌的家禽會在園區下蛋，而這些幸福蛋也成為讀書會講師最喜歡收到的饋贈，因為在這些蛋裡偶爾能吃到淡遠的迷迭香。羅大哥說，當牠們晚年無法生蛋後，可以安全的和同伴在園區度過餘生。

　　在香塵處處的園區，春風並沒有錯過那裡曾有過的美麗與哀愁。軍中退伍後的羅益勝跟著父親耕作三甲高接梨園，當時滿懷理想的他，不斷研發能突破傳統農法增加效益的方式，雖然歷經高接梨輝煌年代，但那些收益卻是他長期被農藥傷害所換來的。

　　為此，2007年初，羅益勝決定將傳統人工噴藥改採系統噴灌，過去一甲半人工耗時一天半的農藥噴灑，透過機器輔助後只需三十分鐘，並且能讓他遠離遺毒。同年梨花綻開的四月，一個天光微啓的清晨，他旋開扭掣，農藥在瞬間從三十個噴頭盡出，他不經意望向天空時

，卻突然看見兩隻晨起的飛鳥還沒穿過迷霧就墜地身亡，正是那一個令人震撼的死亡姿勢，讓他開始對土地有了反省的機會。

當內心的撼動還未平息，羅益勝巧遇返鄉復育螢火蟲的璞草園創辦人許仁和，就此打開他從事自然農耕的視野。他以資深農民的經驗免費幫許仁和開墾園區五年，同時在梨樹旁種澳洲茶樹、薰衣草和迷迭香。2012年底滿園梨樹功成身退時刻，他在梨樹前合十，含淚砍下長養家族七十年的老樹，正式展開他賭上一切、無法回頭的農耕之路。

多年來，羅益勝和香草們用最自然的方式展現堅韌的生命力，雖然吞過七年失敗，但父親留給他的土地土質變得鬆軟，雜種形成的生態也成為昆蟲禽鳥的棲息地，當年不被理解的頑固，在重視食安的年代終於讓他看到孤身奮戰的盡頭。

動盪的人生際遇，總是在不動聲色中展開，風停雨歇時，不一定會看到成功，但在對的路上，羅益勝卻做到對啟程的那一刻，不辜負。

趁著春暖花開去羅大哥橙花遍滿的香草園，臨走時他送我一把氣息芳馥的迷迭香，在即將脫下厚重外套的時節，我想用它做一道迷迭香燉飯，用料理，向這個性格強烈、香息濃郁的香草，在味覺中，尋找它交融和轉化的美味。

迷迭香燉飯
料理示範：滕淑君

· 食材 ·

白米	200g
蘑菇	8朵
櫛瓜	1條
玉米筍	3支
橄欖油	1大匙
奶油	15g
起司絲	50g
牛奶	150c.c.
熱水	250ml
鹽	1/2小匙
糖	1/4小匙

· 調味料 ·

迷迭香	一小把
粗黑胡椒	酌量
義式香料	酌量
橄欖油	1/2小匙
鹽	1/4小匙

· 作法 ·

1 前一夜將米洗淨後泡水放冰箱，讓它浸泡成全白米粒。

2 蘑菇對切、櫛瓜直剖切片及玉米筍斜切片後，放入大碗中，加入 調味料 醃10分鐘後，用10g奶油在鍋中快炒3分鐘後盛起備用。

3 鍋中放入1大匙橄欖油，燒熱後將米倒入，用中火炒約3分鐘，倒入熱開水蓋上鍋蓋，用小火煮5分鐘後，加入牛奶、奶油5g、鹽和糖，須不時翻攪，以免鍋底燒焦。

4 收汁前，將炒過的蔬菜加入裡面拌炒後關火，撒上起司絲，蓋上鍋蓋燜5分鐘，即可起鍋盛盤。

PART 2

夏

的醍醐

一抹夏日的鎏光

熾燒著年年芳馥的橙花

爲即將展開的筵席

邀蜂引蝶

是傾慕？還是渴望？

在那飄香的扉頁裡

翩然的

是久遠的餘韻

也是那被時光早已遺忘的

人間甘味

麻香上海菜飯

　　跟著「回鄉米」品牌所有人林家良蒼健的腳步，走進雲林縣土庫鎮馬光社區他獨居的古厝，屋前4坪左右的院子，橫陳著準備幫那3頭被搶救回來的老牛搭棚的鐵材；6月的烈日下，時間正鏽蝕著那難以摧折的鋼鐵，但，對眾生平等的愛，在時間的恆持中，讓最美的人性皎皎含輝，不論多麼偏僻迢遠，終於被看見，仰望。

　　2017年冬天，友人「拖拖拉拉牛耕隊」隊長高一鑫的一通電話，一個來不及問細節的承諾，林家良搶救了最終可能淪為牛肉乾，現在有了皈依法名的老牛「證健」，往後的兩年裡，「證圓」和「安心」兩隻退役牛，也成了他的家人。他說，一頭年一餐要吃40至60公斤的牧草，除了田邊種植一些，他一天兩次，不論晴雨都要去墳場割草；除了解決吃的問題，安置軀體壯碩的牛隻，才是一個大工程。

　　從出生單親到88風災那年父親往生，僅剩孤身一人的林家良，充滿胸臆的情感，終於在故鄉的田野上找到得以藏納的歸屬。他一邊種好米為牛籌糧食、在稻田旁建牛棚，一邊自掏腰包行銷地方，也爭取微薄經費，製作精美摺頁文宣品，自己並參與採訪撰稿，除了介紹地方風土，洄游農民和土庫老店接班人的故事也得以被看見。

　　他在稻作之鄉留下的不只是腴糯芳香，他向土庫百年歷史那璀璨

深遠的致敬，更是令人印象深刻。因為他，靜謐的馬光厝成了媒體、學術單位和民眾大量關注的地方。

1982年出生的林家良，從滿月那天起，就生活在沒有女性照顧的家庭，缺了一角的天倫，反而練就他把逆境塑造成心中的淨土，用從容的心，走過如常的每一天。14歲就自然茹素的他，生活單純簡樸，大學主修機械工程，退伍後在機械廠倉儲部任職，2014年3月，因為無法適應都會流湧的複雜，於是決定返鄉轉戰農業。

在中國歷史磬香千年的稻米，為何成為32歲投身農村的林家良鍾情的選擇？他說，台灣人值得吃最好的米。因此他一開始便積極加入有機專班，並在「泰國米之神基金會（KKF）」陳瑞芳的講習會中，接觸KKF自然農法及農用微生物培養選種實作。受到幸運之神的眷顧，頭一年4.2分地2300公斤的稻米，就得到一位出家法師的青睞，順利完售。

當稻作收成、銷售通路穩定，他積極投入社區總體營造，目前正參與水保局「青年回鄉行動獎勵計畫」，收購返鄉青農友善耕作的黑豆釀製好醬油，用他努力多年打造出的品牌形象，做成土庫禮盒，讓青年農民安心管理農地，並增加農村代工機會。

一身黝黑晶亮的皮膚，像是一張勤勞的保證書，保固著林家良產出的稻米Q糯剔透。陽光下，稻浪翩翩，暑香不散，老牛最後安養天年的牛棚已經開始搭建，不久後，這裡有最忠實的陪伴，一播一收將不再寂寥。

麻香上海菜飯

料理示範：林寶秀

· 食材 ·

熱飯	1碗
青江菜	1顆
猴頭菇	2粒

（市售處理好的）

香菇	1朵
三色豆	20g
薑	2片

· 調味料 ·

芝麻油	1茶匙
鹽	1/4茶匙
糖	1/4茶匙
白胡椒	酌量

· 作法 ·

1　青江菜直切四等份後，切丁3公分，猴頭菇和香菇切片備用。

2　用1/2茶匙的芝麻油將薑片爆香後，倒入青江菜，炒2分鐘，盛起後不洗鍋；把剩下的芝麻油，用來炒三色豆和香菇，直到釋出香氣，再放入猴頭菇炒2分鐘；接著放入青江菜、鹽、糖，充分拌炒後熄火，最後再倒入熱飯並撒上白胡椒拌勻即可。

3　把炒飯盛入碗中，稍微輕壓塑型後倒扣盤中，即可食用。

銀耳養生太極

　　畢業離家後，我就養成經常不吃早餐的壞習慣，直到大姐二十幾年前開了有機店，經她介紹才知道白木耳低熱量、高營養的價值，當下就決定將它做為早餐主食，此後的每一天我才有了像樣的第一餐。

　　由於長年忙碌的職業婦女生涯，乾燥白木耳需耗時燉煮，就這樣我的早餐背後，多了20年的繁複工序，直到我在前兩年看到市售鮮銀耳，才終於擺脫一次得熬煮4小時，只為煉出一鍋膠質的苦心守候。

　　2019年秋天，因為好友凱茗的引薦，我在台中石岡認識了在台灣養菇界被譽為菇王，「隆谷養菇場」第二代接班人之一的莊裕東夫妻。那個秋日下午，和廠區所有人一起食用齋飯後，我離開眾人圍繞的溫馨茶桌，獨自走到後廠房花圃，廠後潔淨的白色外牆讓我不禁為之駐足，正當欣賞著鮮少人蹤之處仍講究細節的心思時，卻巧遇正在巡廠的另一個負責人莊文豐。

　　1962年出生的莊文豐，國中時就有辛苦打工的刻骨閱歷，高中畢業後，當青春同行的友人引吭放歌時，他卻旋即和父兄一起投入「隆谷養菇場」辛勞的草創開墾。翻土拓山像寂寞沙洲，風露愁怨不時低迴他年少的心中，但這卻是造化遊戲對他最美的安排。

　　40年的場務扎根和人事更迭，他和四哥莊裕東成了主要的經營者

，除了繼續穩定金針菇、柳松菇、杏鮑菇和鴻禧菇產量，為了不讓家族承擔風險，2014年他在苗栗的苑裡獨自斥資數千萬建廠，並研發環控技術種植銀耳。

2017年莊文豐終於突破技術，讓銀耳的品質更穩定，口感更細緻，且一年四季都能採收，每天生產量高達2公噸，成為產量全台第一，更成為外銷到星馬港日等國的明日之星。

雖然石岡場瑣務繁忙，但他仍能靠著監視儀的畫面，一手掌控30公里外銀耳種植的品質；那天，我在他手機裡看見工人們穿著防護衣勞作，嚴謹的管控好像光電廠的無塵室，徹底顛覆我對銀耳種植晦暗潮腐的印象。

莊文豐表示，銀耳的種類繁多，技術門檻高種植不易，要讓「銀耳菌」及「香灰菌」結合才能「出菇」，靠香灰菌分解原料中的營養素提供給銀耳，與一般蕈菇只靠一種菌不同。他滿足的捧著一朵素白如花的銀耳到我面前，瞬間，鼻腔中暗湧著一股蘭花的香氣，這正是他歷時兩年多，經過多次失敗，才成功研發出來的品項。

由於銀耳栽種不易，因此單價高，一般消費者多半望而卻步。「我希望這麼好的食材能讓每個家庭都吃得起」。以種植面積大、穩定性高來壓低銷售價格，這是莊文豐的心願，我也衷心期待那天的到來，畢竟，我也是銀耳的愛好者。

從20年前4小時熬煉褪換成今日20分鐘的軟糯口感，其中還多了

一份銀耳的剔透。從商之道，何嘗不是如此？如果盤算中能時時念想著他人利益，除了銀行裡漂亮的數字，精神會多了富礦，心光也必將晶瑩。

銀耳養生太極

料理示範：林寶秀

· 食材 ·

新鮮白木耳	90g
乾川耳	10g
薑絲	少許

【醬汁】

檸檬汁1大匙、糖1大匙、素蠔油1大、香菜和辣椒適量，一起調拌均勻。

· 作法 ·

1　乾川耳洗淨後用水泡發備用。

2　白木耳放入沸水中，等水再次煮滾後隨即撈起，接著放入泡發後的川耳和少許薑絲，等水大滾後馬上起鍋放涼。

3　將 作法2 和 醬汁 充分攪拌均勻後盛盤，即可上桌。

梅醬鮮果番茄盅

第一次遇見溫財源大哥是在1992年夏天，我到同事家的鞋店買鞋，不久有一個看似混江湖卻在門口長揖合十的男子來訪，他一進門就很有禮貌的說：「阿彌陀佛」，一種衝突的氣質馬上讓我細胞中的偵探性格燃燒起來。當天和他淺談幾句後，發現他雖然不善言詞，但幾句佛法的分享卻深深打動我，當時內心像微風輕拂蕩漾馨香，不久後更因為認識他的妻子林寶秀，在她的引領下，從此開啟我有佛為鄰的生命。

寶秀姊是一個非常精進的佛教徒，她遍閱經典過目不忘，而且善說樂說不疲不倦。二十幾年前她在台中西屯開服飾店，我也在那裏認識了寶玲、秀珠、淑美、家鎂這幾個一輩子的好朋友。當年因為素食不普遍，每天她會特別為我們這幾個食客準備午餐，將近三年的時間，我們幾乎每天一起邊吃午餐邊聽她說法，精進料理中流麗著經典瑰麗的符碼，我也從中咀嚼從未有過的禪味法喜。

後來商圈轉移，寶秀姊夫妻決定改行開麵館，她卸下錦衣花裳換上素帶兜裙，以「禪味」之名，用她的好手藝研發素食料理接待走進她店裡的客人，尤其是她的招牌素香麵，是當年陳履安部長到東海道場（佛光山惠中寺前身）必吃的，他的長子陳宇廷更多次到店裡品嘗父親口中念念不忘的家鄉麵。

直到今日，我仍一直將寶秀姊視為心靈導師。她從不高談闊論，艱深的經典總能適當的用生活故事巧喻妙說，當我遭遇人我關係的困境，她就用自己發現的「買鞋理論」告訴我──她看到架上一雙美麗的鞋，試穿的時候因為顏色造型令她愛不釋手，雖然有一點不合腳，但她還是買下它，後來她穿出門磨破了皮才將它送人。她說，我們經常披著嚴飾的華麗外衣，希望得到他人第一印象的好感，但時間和相處就像熔岩，會消蝕美麗、看見真相。

　　每當有新開發的料理，寶秀姊會打電話找我們幾個去試菜，可以想像的美味早已是味蕾的基本盤，但她對做菜過程的領悟卻是我最鍾愛的心靈雞湯。我一直愛吃她在酷暑時會做的「梅醬鮮果番茄盅」，她曾分享說，學佛的人應該把過去掏空，注入佛法的內涵，生命才有機會變得更豐美，就像番茄盅製作過程一樣，必須將番茄挖空，裝填更美好的食材，才能讓原本味道淡薄的番茄變得更有滋味。

梅醬鮮果番茄盅

料理示範：林寶秀

· 食材 ·

中型新鮮牛番茄	4顆
奇異果	2顆
鳳梨	1/4個
蘋果	1個
話梅	5粒
葡萄乾	少許
小黃瓜	1根
沙拉醬	1大匙

· 作法 ·

1　將牛番茄對切，用湯匙將內部挖空後，再將底部小心切平，使方便擺盤。

2　話梅切成細末，與沙拉醬一起拌勻成「話梅沙拉醬」。將小黃瓜切片。

3　奇異果、鳳梨、蘋果切丁約0.8公分，加入「話梅沙拉醬」攪拌，再放入挖空的番茄均勻填滿，上面放上小黃瓜片及葡萄乾裝飾即可。

減重好朋友　豆薯沙拉

　　2018年10月為了健康，我開始為期3個月的減重生活，過程中經常有人跟我說：「減重比較容易，維持很困難」。剛開始我都會很務實的回答：「先把體重減下來，再去想維持的問題」。然而，徹底執行低升糖飲食計畫90天後，我的確面臨如何避免復胖的考驗。

　　能讓我痛下決心過減重生活的因素，除了控制困難的腎性高血壓，及日益升高的血糖、血脂和膽固醇之外；最重要的是，在過程中我終於了解，血糖竄升會引發胰島素過度分泌，而這些過多的胰島素則是促成脂肪堆積的元兇。我認為，唯有真正了解肥胖造成的原因和對身體的傷害，才能有效維持體重並將它形成一種生活態度，才不會讓辛苦的減重功虧一簣。

　　以往每天上班，我會帶一根香蕉進辦公室，門口櫃檯曾當過護士的同事妙香曾跟我說：「蔡姐，不要一大早空腹吃香蕉，會升糖喔！」而我總是笑笑的在從座位起身到茶水間，不到1分鐘的時間解決我的早餐，從來不去探究她說的是什麼？直到我開始踏上減重之路，才終於明白，由食物引發的血糖值過高，會造成糖化現象和發炎反應，這是造成許多疾病與身體老化現象的原因。

　　2016年我在印度旅途中嚴重咳嗽導致右乳腺疼痛，當時我以為是

揹筆電和相機拉傷造成的，回來後吃了一段時間的藥，並沒有解決問題，而且兩年來一直困擾著我，直到我調整飲食，戒絕甜食和加工食品避免讓血糖波動，並大量食用「原態」食物，沒想到不到一星期，竟然不藥而癒。我以自己做人體實驗，為自己找答案，才能心服口服的持續維持體重。

香蕉一直是我很喜歡的水果，以前我早餐吃，現在只要是水果我會在早餐後2小時及午餐後3小時食用。我要特別推薦一種價格實惠的蔬菜，它是減重和維持時的好朋友「豆薯」，它能取代水果使用，沒有升糖的危險，卻有水果的口感，而且一年四季都吃得到，除了涼拌做沙拉，我和一群減重成功的朋友，日常會把它切成條塊做成蔬菜條，外出時帶在包包裡避免挨餓。有時我也會削去外皮後抓一些鹽巴，吃起來有大梨的口感，非常美味。

豆薯的根塊肥大，肉脆多汁，富含蛋白質和豐富的維生素C，生食、熟食皆可。盛夏時分，介紹大家一道簡單好料理的豆薯沙拉，除了解熱，也為健康加分。

減重好朋友
豆薯沙拉

料理示範：林寶秀

· 食材 ·

蘿美生菜	1顆
牛番茄	1顆
豆薯	1顆
杏苞菇	1支
四季豆	5根
熟腰果	15粒
捲葉巴西利	少許
黑胡椒鹽	酌量
小番茄	2顆

· 作法 ·

1 鍋中將水燒開，把四季豆、杏苞菇整根放入，燙煮約3分鐘後起鍋放涼。牛番茄底部劃十字，放入滾水中馬上撈起去皮，待放涼後將番茄籽挖除；蘿美葉洗淨後，浸放在有薄醋的水中約3分鐘後，取出瀝乾水分；腰果搗成粗粒狀備用。

2 豆薯去皮，和冷卻後的四季豆、杏苞菇和牛番茄，一起切小丁，均勻攪拌後，依個人口味，一邊撒入黑胡椒鹽調味。

3 將 作法2 放在蘿美生菜上後盛盤，再飾以捲葉巴西利和小番茄即可。

端午煎食追

　　每年端午節，縱然大地熱浪蒸騰，但我內心總凝煉著一絲悲涼。

　　2011年元旦黃昏，母親知道我愛吃臍橙，打電話告訴我小舅家的已經收成，要我第二天回家拿，半小時後手機再次響起，小妹在電話那頭急促的說：「媽媽跌倒撞到頭，妳趕快到署立豐原醫院跟我會合。」聲音幾乎被懾人魂魄的救護車汽笛聲淹沒，那是第一次，我開車從台中到豐原，短短15分鐘的路程卻像天涯那般遙遠。

　　經歷刻骨又漫長的夜晚，深夜回到家中，翻找冰箱想要找東西充飢，冷凍庫裡看見母親在前一個星期綁來的粽子，霎時封凍不住的料峭春寒，化為心中的斷腸詩句，糾纏我無數晝夜。5年前才歷經直腸癌做造口的折磨，這一次重創，雖然保住性命卻肇致母親餘生身癱意渙。我把拿在手上僅剩的3顆粽子放回冰箱，我知道，那將是此生我最後還能嘗到屬於母親的味道。

　　多年過去，母親的味道已是記憶中飄渺孤鴻，離我愈來愈遠。

　　母親一生好強勇敢，很會持家照顧子女，我們是住在客家庄裡的閩南人，由於早年家境不好，在大家庭中子女又多，每逢端午節，母親會一斗米粽、半斗「粄粽」的應付過節，當竹竿上吊著的成排粽串，被一群妖鬼囝仔解放成只剩下蒸黃垂掛的棉繩，芒種端陽雷雨的午

後，母親無法外出操持農務，她會用地瓜粉和在來米粉，加入香菇、韭菜、高麗菜等材料，做成流行於台南安平一帶的「煎食追」，噴香的煎粿，成為我們放學時最喜歡的點心。

「煎食追」相傳是鄭成功當年為驅逐荷蘭人時，端午節無米為粽，為安撫軍隊思鄉情懷，鄭成功便教軍民用米漿、地瓜粉、海鮮做成油煎的粘糕，用來代替米粽過節。

2010年因長期工作壓力，我罹患皮質醛酮分泌過多症，初期血壓曾高達230mmHg，在醫生告誡下，我已經鮮少再碰糯米粽，善解的淑君知道我喪父思親，在盛夏初來的午後，為我帶來融合粄粽和煎食追作法的茶食，新鮮竹葉夾著米糰子，讓傳統米食多了意外的時尚驚豔。

端午煎食追
料理示範：滕淑君

· 食材 ·

竹筍	1小支
乾蘿蔔絲	500g
香菇	4朵
棕葉	2片
糯米粉	150g
蓬萊米粉	50g
細砂糖	20g
滾水	150g
沙拉油	25g

· 調味料 ·

醬油膏	1.5大匙
糖	1大匙
胡椒粉	1/4小匙
香油	少許

【糯米糰配色材料】

紅麴粉、抹茶粉

薑黃粉、竹炭粉

· 作法 ·

1 香菇及蘿蔔絲泡水後，將香菇及筍子切細絲備用。油在鍋中燒熱，放入香菇、蘿蔔絲和筍絲拌炒，再依序加入調味料炒香後，加少許水拌炒至收乾，起鍋放涼備用。

2 將外皮主要材料：糯米粉、蓬萊米粉、細砂糖，混合後加入滾燙水拌勻，再加入沙拉油揉成糰並分為6份，可依個人喜歡的顏色，將配色材料揉入麵糰中。

3 取 作法2 的一份米皮，包入內餡後收口捏緊，再搓成圓球稍微壓扁，放入抹少許沙拉油的平底鍋，以小火煎至兩面金黃熟透，即可盛入盤中。

4 將新鮮竹葉洗淨晾乾，每葉對剪成2片作為盛食時使用的包材。

五彩茶香炸物

　　才結束幾個月的忙碌，第二天我就迫不及待卸下紅塵飛埃，往茶山奔競。彎行在清水溪畔，陽焰下的田野一片青碧卻熱氣逼人，直到從149縣道進入竹林遮蔽的小徑，暑氣才在荒苔野蘚間暫歇片刻，而妙達在竹山過溪的夫家，也到了。妙達是我在佛光山惠中寺的文宣伙伴，她和夫婿張岳斌一起在國立自然科學博物館服務多年，由於愛茶，兩人在二十幾年前成為假日農夫，投入種茶的行列。坐在50年老屋的和室品茗，聽著張岳斌無法掙脫親情鈕帶、返鄉種茶的塵煙過往，茶甌的清香彷彿隨著斑駁的老牆，霎時沁在歷史的年光裡。

　　張岳斌的父親張萬昆先生，世居竹山鎮過溪，雖代代務農，但他卻有獨到的商人眼光，除了種植數甲竹林，還在鄰近村莊收購竹筍製成筍乾外銷日本。張岳斌和父親非常親近，兒時的回憶裡，為了生活拚搏的父親，在他上學時已經出門，而睡覺時也沒見到父親返家的蹤影，當一家團聚時，父親總是對他摟摟抱抱，甚至在最後的病榻上，還用下巴磨搓著他的臉頰。鬍渣裡，藏著用盡力氣的愛，直到今日，想來令他心痛。

　　當生活得到改善時，無常的暗影卻尾隨而來。張岳斌16歲那年父親因病辭世，得年47歲，留下臨終最後的喟嘆「你們還小」。從此，

身為長男的他，扛起家中重擔，課餘時他只能在林中流著青春的淚水，憤怒的吶喊命運多舛。他說，當時只有50公斤體重，卻要挑起140台斤的麻竹筍，直到考上嘉義農專，他才有機會走出那片林地。

1987年張岳斌進入科博館服務，因為思念父親的舊日情感經常復甦糾結，4年後在妙達的支持下，他開墾始終無法忘情的林地，因為那片土地曾有過他完整的天倫，他知道，唯有讓山丘敞亮，那個以父親為藍本的故事才能繼續在沃土中滋長、連結。

漫步在張岳斌三甲多的茶園裡，午前一場太陽雨，撩撥著茶樹晶燦綠鑽般的芽尖，彷彿天上的繁星掉了一地。在這片有情土地上，採一把準備留養的夏茶，寶秀姐要在老屋的灶上賦予它另一番滋味。

五彩茶香炸物

料理示範：林寶秀

·食材·

新鮮茶葉	100g
鮮香菇	7朵
彩椒	1顆
蓮藕	1節
紫地瓜	1條
酥炸粉	200g
水	350c.c.
鹽和黑胡椒	各1小匙
油	酌量

溫馨小叮嚀

食材入炸鍋前，記得先用濾網將前一次炸物留下的渣漬撈起，讓炸油保持乾淨，才能保持炸物美觀。

·作法·

1 茶葉、鮮香菇洗淨瀝乾，彩椒切1公分條狀，蓮藕及紫地瓜切約0.5公分厚片；將酥炸粉、鹽、黑胡椒和水拌勻，製成麵糊裹粉備用。

2 用中火將油燒熱（約160℃~170℃），依序將紫地瓜、蓮藕、鮮香菇、彩椒、茶葉均勻裹粉後放入鍋中油炸，待裹粉定型後再翻動。

3 食材中，除了地瓜可用竹筷戳試鬆軟度，其他表面呈金黃酥脆即可撈起盛盤（起鍋前可以轉大火約10秒鐘，讓多餘的油逼出）。

鮮彩甘露青蔬捲

　　因為參與佛光山惠中寺為故鄉卓蘭雙連國小賣梨的助學計畫，認識了有「梨博士」美譽的彭源添和他的妻子林美鉤。彭大哥謹言敦厚，感覺有一種鄉紳的風範，但美鉤姐全身卻煥發著一種迷糊可愛的喜感，他們性格互補，散發著一種溫暖安全的氣質，讓人很快的會喜歡上他們。

　　彭大哥一生居住在沃碧披靡的山野，雖然家境清苦年少失學，但因為好學和敢於接受新知挑戰的性格，讓他在從事農耕的路上始終是鄉里的榜樣；他是「水果王國」卓蘭鎮首位嫁接高接梨的農民，他也在中興大學教授指導下精研種梨技術，多年來，由於一甲多地所產出的水梨碩大甜美，而他也不藏私的將所學傾力襄助前來尋求協助的梨農，因此為他贏得「梨博士」的稱號。

　　由於卓蘭農會和日本鳥取縣農會簽署雙邊合作，2016年彭源添受邀前往當地勘查梨穗，並進行高接梨嫁接技術交流，其中一名退休的農業課長是當地頗負盛名的梨農，除了盛讚台灣高接梨品質傲視全球外，當他看到彭源添帶去的嫁接工具，更驚訝於台灣農具的實用與進步。兩次前往日本交流，彭大哥看見台灣梨農業滿滿的希望。

　　2017年梁皇法會期間，惠中寺號召參與法會的信眾，短短3天為

雙連國小賣出兩千多盒新興梨，彭源添為了感謝惠中寺讓雙連子弟有機會走出大山擁抱世界，特地要我轉送他甫授權栽種第二年，由卓蘭農民劉申權，耗時22年研發出第一個台灣本土品種的「寶島甘露梨」給相關人員。那是我第一次品嚐甘露梨的滋味，清脆多汁融合著像甘蔗般的香甜，其中還夾雜著我身為卓蘭人的感動。

2018年3月23日「寶島甘露梨」正式獲農委會通過核准「植物品種權」，劉申權埋首研發半生，甚至靠著賣土地過日子，在1200個品種中創造出平均甜度12度，冷藏保鮮期限長達半年的正港台灣水梨的辛苦，終於獲得認可與保障。

彭源添是第一批試種「寶島甘露」的梨農，對於這項台灣農業革命性的研發，他們身負重任，因為這代表未來台灣農民將可以不再仰賴進口梨穗，能以較低的成本，種出適合台灣土地和氣候的高接梨，享用好梨的賞味期還能延長到冬天。

8月中是甘露梨開採期，彭大哥特別送了一顆重達3斤半的「大梨」給我，剛好可以在溽暑做涼菜。

鮮彩甘露青蔬捲

料理示範：張譯心

·食材·

水梨	半顆
小黃瓜	1根
胡蘿蔔	1/4根
紅、黃彩椒	各1顆
越南澱粉條	酌量
越南澱粉皮	8張
薄荷和九層塔	少許

·調味料·

越南素辣魚露	3大匙
老抽和蜂蜜	少許
檸檬汁	1大匙

依個人口味酌量三者拌勻

·作法·

1 將水梨、小黃瓜、胡蘿蔔、紅、黃彩椒切成約0.7公分條狀，長度不超過12公分。

2 越南澱粉條泡水30分鐘，再用沸水燙5分鐘後撈起沖冷開水備用；胡蘿蔔燙熟備用。

3 在深盤內倒進開水，先將澱粉皮整片放入沾溼後平放，依序放入 作法1 與 作法2 的材料，可依個人喜好加入少許薄荷或九層塔後，捲成長條狀盛盤，最後淋上調味料即可。

97

梨汁醬香豆乾

　　堂妹蔡心蓮是茂照叔第三個女兒，我們大概只在清明祭祖時才有機會見面。從小我就覺得我們兩家的媽媽很辛苦，在重男輕女的年代，她家4個女兒，而我是那個價值下，不得不叫招娣的五女。

　　大概是同病相憐的關係，雖然很少見面，我們卻有很深的家族情感。一直聽說心蓮的梨種得很好，而且一個人管理近六分地，雨洗青竹的清明後，趁著6月豐水梨盛產的季節，我們相約在她的「津鎮果園」那片山野見面，而此行我並不知道，我正啓程要向一位女農致敬。

　　海拔600公尺的坡地上，100棵歲齡近五十年的老梨樹，遺世忘俗的站穩在台中東勢的石頭壠山前，大自然在這裡，定時守信，午前陽光灑落在脈絡分明的梨葉上，望著樹上黃色套袋串串，又是主人勞作沒有被辜負的一年。

　　就讀高農園藝科的心蓮，畢業後從事美容業，也曾在鞋廠擔任採購、旅行社行政，生長在農村，一直想逃農而去的女子，為何還會與它狹路相逢？梨園的工寮裡，她淡淡的言語飄著如煙往事，正潛入我畫面生動的思緒裡。

　　緣訂於一場病，心蓮嫁給了當時悉心照顧她的先生，婚後她隨夫婿在梨山為伴，直到懷孕才回東勢定居。孩子上幼兒園後，他們決定擴充

耕地，因而買了梨園現址由她負責，至此她成為了一名專業的農村女力。

　　談到與農相遇，心蓮從一個笑話說起。從農初期，她連農藥瓶都打不開，只好騎機車載著稚齡的女兒求助於附近農民，沒想到那位大哥卻躊躇半天不肯幫忙，原來他以為眼前這個媽媽要攜子尋短。面對滿山農事的艱辛，她落過幾年梨花淚，但在已無退路的現實中，躋身在以男性為主的農業前線，她知道必須給自己來一場腦內革命，在新時代農業中，她才能擁有一席之地。

　　2010年心蓮加入高接梨產銷班，為了強化產品在市場上的辨識性並建立品牌，她在2013年加入產銷履歷驗證。除此之外，她積極在東勢農會、中興大學，甚至前往日本研習，藉以汲取農業相關知識。

　　2015年，她參加農糧署在台北舉辦的「第一屆女性幹部訓練營」，台上老師講課，台下來自全省的女性農友哭成一片，從大家的分享中她深刻體認到，每個從農女性都曾經用淚水灌溉過自己的土地，要成為從容自信的女農，堅強，才是通向彼岸唯一的金鑰匙。

　　據農委會統計，2018年全國農業從業人口為56萬人，女性占1/4，每年約可創造逾6.5億元的附加產值。畢竟是體力活，女性投入農業先天條件必然亞於男性，但從土地到餐桌，這群家庭主要照顧者，卻是史上最強的連結，因為除了農民身分，她們同時是溫柔盡釋的妻子和母親。

梨汁醬香豆乾

料理示範：林寶秀

· 食材 ·

黑色大豆乾	6塊
梨	2顆（約800g）

· 調味料 ·

粗黑胡椒粒	2大匙
油	400c.c.
香菇素蠔油	4大湯匙
八角	2.5片
白開水	180c.c.

溫馨小叮嚀

梨子盛產於夏季，這道料理冰過後口感更香Q，食用時可拌入新鮮的薄荷葉或九層塔，喜歡吃辣的人也可以加辣椒，味道會更有層次。

· 作法 ·

1 梨洗淨不削皮，去中間果核後切小塊，再用果汁機打成泥；每一塊豆乾切井型成9小塊備用。

2 鍋中將油燒開後放入豆乾，用大火炸約8～10分鐘，直到豆乾蓬鬆焦黃時撈起瀝油。

3 將炸過豆乾的油留1/3在鍋中，中火將梨泥炒至香氣溢出，再放入豆乾拌炒後，加入八角、香菇素蠔油和水，蓋鍋燜煮直到醬汁收乾前加入黑胡椒粒，再燜煮2分鐘即可。

涼夏瓠瓜捲

　　夏天才要開始，凱茗的父親就踏上封凍生命的旅程。6月初的深夜接到報喪電話，想到這個我曾一起織夢的朋友，一生注定要當寂寞人。

　　凱茗是獨生女，父母忙於辦桌鮮少在家，大哥念軍校、二哥是訓導處紅人，國中時期我們經常窩在她空無一人的家談心事。步入社會後，成家的大哥轉服公職，部隊沒打的仗留給了婆媳。而二哥被關注的地方，也從訓導處變成綠島，過程中前妻驟逝留下2歲的孩子，由未婚的她撫養。3年前大哥在母親往生後也病逝，這一脈從此斷無來往。

　　微雨的早晨在殯儀館見到凱茗，我以為她應是孤身一人，沒想到迎來的除了異常平靜的她之外，是幾位身穿印著「台灣心境探索學會」背心的人，他們微笑奉茶後又繼續埋首為亡者抄寫經文。

　　午餐時有人送來齋飯，也有幾個上班族利用午休的一點時間，前來為冷風扇加水並調整位置；體貼的粗食淡飯、細微的看前顧後，我終於在他們身上看見凱茗從小渴望的親情。回首過去，加諸在她身上薄情的漣漪，雖然也曾變成冷酷的巨浪，但正因經歷過，這些苦難中的陪伴變得格外珍貴。

一樣是多雨的午後，我在凱茗的帶領下拜訪「台灣心境探索學會」創會理事長彭仁虹女士。2011年夏天「心境探索」向內政部申請成立，但在此之前他們已經在林內鄉嘉惠過無數弱勢家庭，並積極以儒、釋、道知禮慈悲為核心價值的培育青年，許多公益團體做的，他們一樣在財力困窘中沒有少做。

從提供心靈諮商、發放物資、課後安親、讀書會、發行期刊、拍微電影、為鄉親辦免費教育課程和青少年營隊，全部由彭姐和女兒王毓琦、王妏瑜策劃執行。2012年學會在一個學童的建議下成立鼓陣團，他們用月曆紙捲成鼓棒，用廉價的塑膠椅當成大鼓，公園大樹下則是他們練鼓的教室。為了協助弱勢家庭青年創業，學會成立「創樂子生活學苑」提供烘焙、多肉、花藝和咖啡多元的夢想空間，讓他們學習技能，翻轉生命。

2016年「心境探索」搬到古坑現址，六分多土地上座落一棟3層樓建築，其他則是他們供給日常的農場。走在像婚宴廣場般綠茵如錦的草地上，整潔的程度很難讓人相信眼前的那片盎然，是老中青三代齊心耕作的農場。

棚架上瓠瓜結實纍纍，彭姐隨手摘了一顆送我。這個生命力極強的庶民食材，幼苗時若沒有扎實的竹竿可以依附，就只能低下的在地上爬行，沒有登高眺望的機會，也不會知道外面還有一個值得期待的世界。我相信這就是「台灣心境探索學會」為偏鄉孩子正在做的事。

涼夏瓠瓜捲

料理示範：林寶秀

· 食材 ·

瓠瓜	半顆
青花菜	1顆
彩椒	1顆
鴻禧菇	半包
玉米筍	1包
薑片	2片
黃芥末醬	1大匙
沙拉醬	2大匙
味醂	少許

【醬汁】

黃芥末醬、沙拉醬和幾滴味醂拌勻。味醂不能放太多以免醬汁太稀 。

· 作法 ·

1　瓠瓜去皮，用刨刀削成15公分條片狀、玉米筍洗淨、青花菜切成小朵、彩椒切條狀、鴻禧菇剝小朵備用。

2　鍋中水燒滾後加入1小匙鹽巴，依序分別將瓠瓜、玉米筍、青花菜、彩椒燙約1分鐘撈起，最後加入薑片再放入鴻禧菇燙1分鐘。所有食材撈起後平舖盤中放涼。

3　瓠瓜片上放青花菜、彩椒、玉米筍和鴻禧菇後，捲成花朵狀置入盤中，依個人喜好在以調好的 醬汁 食用。

105

鳳梨薑黃炒飯

才在「櫻桃果古坑咖啡莊園」前停好車，遠遠看見挽著夫婿手臂提早抵達的寶秀姐，從一片綠意深處行來，身上有3個癌症還在做標靶的她，步履緩緩。曾經相約鳳梨盛產時還要再來做料理，我一度擔心她的體力無法負荷，但她行佛的心芽堅穩，一如天空白雲落入眼眸，放下身苦，她依舊日常，如雲的無拘來去。

鄉間的夏天，陣陣微風中漫漾著一種季節獨有的氣息，穿過金露花，我們再度走進「櫻桃果咖啡莊園」，迎來的笑容，是多了幾分自信的莊園第二代接班人賴萱。

一年多不見，賴萱褪去羞澀，多了一份淡定從容，她是莊園主人賴謙旗的長女，2019年春天從都會卸下紅塵，回到古坑協助返鄉7年的父母，在3公頃的土地上，一圓父親侍奉雙親的天倫夢。

藏身在鄉野的莊園附設咖啡廳，現在由90後的女力賴萱擔任店長，一周只在五、六、日營業，平日則採預約制。店歇的日子，她和父母一起照顧一千多棵咖啡樹、400棵土肉桂和鳳梨、洛神等有機季節蔬果；父親曾是大學上校教官、母親王瀅惠則曾是擁有2家幼兒園和安親班的教育人，應是驕寵披靡、芳華正盛的女孩，為何選擇投身鄉野？相信又是值得翻動的扉頁。

在逢甲大學讀景觀設計系兩年，自覺空間概念不好的賴萱毅然休學，2013年她進入台中一家安養院擔任照顧服務員，後來又輾轉進入關係企業的月子中心和護理之家；6年與人的近距離接觸，她學到唯有同理他人的苦和立場，才能透曉真正的幫助，應從對方的需要開始。

早上7點起床晚上10點前就寢，生活一直像老人般規律的賴萱說，父母因為祖父母年紀大，決定返鄉照顧他們，其實她覺得他們也不年輕了，傳承自父親的佛教信仰、母親的愛家美德，2019年她主動向父母提出，要和他們一起打造綠色家園。

當父母討論準備種咖啡開始，賴萱就默默參加咖啡相關實務課程，投入農耕後，她除了照料園區，還不斷參與各種農業研習，期間還考取中餐、烘烤及蛋糕麵包三張丙級證照。

午前和賴萱在園區散步，咖啡樹旁多了一盞盞紅色小燈籠，她說那是咖啡果小蠹誘捕器。果小蠹是咖啡種植時影響最甚的害蟲之一，會造成重量損失及品質惡化，在許多國家對青果為害可達80％以上，田間減產超過兩成。2020年4月她和水保局合作，加入共同防治行列，藉以提供數據給相關單位，作為日後改善之用。

咖啡還在樹上醞釀嫣紅，大片的鳳梨園已開始準備熟化，他們正在迎來生命中的黃金階段，是時間，讓青黃遞嬗，卸落葉子和果皮的銳齒後，得來天地精工細作的芬芳回饋，鳳梨吐芳揚烈，努力的女孩也是。

鳳梨薑黃炒飯

料理示範：林寶秀

· 食材 ·

鳳梨	半顆
鳳梨肉	250g
熱飯	2碗
鮮香菇	3朵
碧玉筍	3根
素火腿	40g
青豆仁	30g
三色豆	30g

· 調味料 ·

薑黃粉	30g
白胡椒粉	少許
油	1.5大匙
糖	1/2茶匙
鹽	1/4茶匙

· 作法 ·

1　挖出鳳梨果肉使它成為容器。再將鳳梨肉、鮮香菇、碧玉筍、素火腿等食材切丁。

2　炒鍋不放油。將鳳梨梨肉炒香後加糖，再拌炒2分鐘起鍋待用。

3　乾鍋放油加熱，放鮮香菇炒2分鐘後盛起。

4　不洗鍋。將素火腿炒香後放入紅蘿蔔丁、碧玉筍、三色豆、青豆仁中火炒2分鐘後轉小火，再放入炒好的鮮香菇、熱飯和鹽，邊炒勻邊放入薑黃粉，拌炒2分鐘後撒上胡椒粉，再加入 作法2 ，即可上桌。

芝麻奶酪

夏天的雲林土庫，平原上各擁蘊味的作物迤邐，陽光下純樸與熱烈交融成萬種風情，四季在這裡美麗轉場，崙內里「在地農民──花芝稻」女農張芷宜，20年的田野回眸，歷經的也是一場華麗轉身。

如同「在地農民──花芝稻」的品牌詮釋，張芷宜的農地主要由花生、芝麻和稻米等作物四時輪種，農閒時還要隨丈夫吳仁義從事插秧代耕；對來自農家的我而言，小時候家裡種水稻，國中時也親自參與過收成花生的田地活，那些沒有遮蔭的烈日煎逼，異常辛苦。

非農家出身的上班族，張芷宜要如何克服從冷氣房走向烈日？那是一個人妻、母親、媳婦和農民身份的多重轉換，當中的付出，我相信是一般女性難以觸及的繁花境界。

1970年出生的張芷宜，雲林大埤鄉的老家是製作素描用木偶人的加工廠，畢業後她在離家不遠的毛巾工廠擔任總務會計，24歲那年和吳仁義相戀結縭。2001年因為公公中風，她辭去工作照顧家庭，並跟著先生在自有的五分地種植玉米、南瓜和花生等農作，遇到插秧期，他們則一起從事插秧機代耕，在水田裡征戰，一年200甲。

雖然花了很長的時間適應新身份，但對於辛苦的農事，性格正向樂觀的張芷宜，回憶裡盡是歡笑與感恩。她說，從農開始，她連田埂

路都走不好，第一次下田，雙腳陷在泥淖裡無法掙脫，她竟然以為要請吊車來幫忙，惹得在場農友哭笑不得；早期他們代耕曾遠征台中、苗栗，一去10天，當時小四的大女兒，小小肩膀就要扛起照顧3個弟妹的責任，卻從不喊累。

收工後的黃昏，屋裡放學的孩子聽到夫妻兩人的車駕駛進三合院，就會大喊「媽媽、媽媽」的蜂擁迎接，正是這樣日復一日的甜蜜呼喚，才能撐起張芷宜對美好生活的期待。「在辛苦中看見幸福」對從農女性，她用過來人的體會，提出守護自己心力，在農村安身立命的建議。

一個蒴果藏著50顆芝麻，吸收整個夏日的陽光後，8月底是植株大約150公分高的芝麻，蒴果由綠轉黃的收成時刻，張芷宜說，要先將葉子一片一片去除後，再用鐮刀將整園的植株割下，約十多棵捆成一束，交叉放置在田間或載回院子曝晒乾燥，幾天後蒴果裂開就會脫粒。

張芷宜三合院門前的晒穀場邊，掉落在水泥地隙縫裡的芝麻，竟昂首在風中開起了白花，它在艱苦的環境中見證了嫁入農村的女性，即使在原本不屬於自己的嚴峻之地，生命仍有權壯麗。

芝麻奶酪

料理示範：張馥朵

· 食材 ·

黑芝麻粉	30g
鮮奶	300g
鮮奶油	300g
糖	25g
吉利T粉	10g

· 作法 ·

1　先把糖和吉利T粉充分攪拌均匀。

2　將鮮奶和鮮奶油放入鍋中小火加熱（不要超過80℃，易起泡），再慢慢倒入 作法1 ，邊煮邊攪拌，直到糖與吉利T粉充分溶化，即可熄火。

3　將黑芝麻粉倒入 作法2 中攪拌均匀後裝入容器，放置冰箱冷藏約3小時後即可食用。

醍醐翡翠　絲瓜榛果濃湯

　　傳統市場是我回鄉下必去的第一站，雖然母親常說我買的菜跟賣的人一樣老，但老滋味裡卻有安全、安心的保證。2017年夏天，我在一排佝僂霜雪中，發現多了一抹青春嫩綠的身影，透過朋友介紹，我認識了崇尚福岡正信自然農法的年輕女孩黃愷茗，她用市場價格販賣理想，靠300棵絲瓜年所得3萬，農暇時打零工，過著怡然清貧的生活。

　　在我的故鄉，當夏秋的夕陽漸鎏霞光，日落歇下農務的鄰居，經常會將田裡盛產吃不完的豇豆、絲瓜和瓠瓜挨家挨戶的送，自我有印象以來，每年盛夏鄰居送的絲瓜會多到讓人皺眉頭，因此二十幾歲的愷茗，會選擇放下醫院工作返鄉種經濟效益不高的絲瓜維生，一直令我百思不解。在強烈要求下，我終於有機會親炙那一畝美麗的淨土，也親眼目睹蕭然四壁裡，住著一個堅持信念的小巨人。

　　愷茗還在念高中的時候，父親因為一場車禍引發急性腎衰竭，致使往後15年必須靠洗腎維持生命。2011年，她決定辭去醫院工作，返鄉幫母親一起照顧身體日漸虛弱的父親，期間家人雖曾考慮賣田換腎，但由於父親堅持不肯而作罷。2015年時序才進入春天，父親自知大限已至，臨終前他緊握愷茗的手，在輸送氧氣的塑膠管已流淌著鮮紅血水的最後時刻，流淚泣血的希望這個他信任的孩子，為他守護那塊

乾淨的土地。

　　帶著對父親臨終的承諾，愷茗開始靠研究網路訊息學做農夫，她用無為而治的自然農法，在4分地種300棵絲瓜，用不耕耘、不施肥、無農藥的方式耕作，但珍愛土地的作為，卻使她成為鄰居、朋友眼中的傻瓜。她說，在父親留下的土地上生活、耕作，隨著日升日落、作物生長的節奏，即使是雜草，都能讓她深刻感受到每一個生命的成長背後，遺留著父親不死的脈搏。

　　父親離開後，她和母親在原本種著梨樹的果園搭起簡單的鐵皮屋居住，當我第一次踏進愷茗的絲瓜園，碧草如茵的綠毯上，蟲蝶恣意飛舞，味道像五印醋的黑螞蟻正在絲瓜棚上來回穿梭，自然界正報恩似的為這個努力的女孩闢建一條愛的通道，努力傳遞著開花的密碼。環視著愷茗再無法簡單的房間，閣樓木板上搭著露營用的帳篷，夏天防蚊、冬天保暖，她告訴我，當月光篩進房內，她能聽見絲瓜藤上花開的聲音。

　　絲瓜平凡，注入信念就能成為自然界的翡翠。那天，步出愷茗的絲瓜園，我彷彿也聽見月光下那朵為她燦開的黃花，唱著只有堅持的人才聽得懂的歌。

醒醐翡翠
絲瓜榛果濃湯

料理示範：滕淑君

・食材・

絲瓜	1條
腰果	15粒
松露	數片
（可以鴻喜菇取代）	
松子	少許
鮮奶	50c.c.

・調味料・

法國奶油	1小塊
麵粉	1大匙
乾義式香料粉	少許
鹽	適量

・作法・

1　絲瓜去皮切塊，加1.5碗水煮軟後，與腰果一同用果汁機打成泥。

2　用小火將調味料炒香後，加入 作法1 ，一起拌攪直到小滾3分鐘後熄火。

3　鮮奶打成奶泡。若無打泡機，也可加20c.c.鮮奶與 作法2 一起煮。

4　將濃湯舀入碗後，取 作法3 上層奶泡鋪在濃湯上，再輕輕撒上松子及松露（或以鴻喜菇切小段乾煎取代也可以），最後以一片薄荷葉點綴即可。

PART 3

秋

的盛筵

收攏起暮夏的簾扉

窗外的陽光擁著飽滿的琥珀

沿著四野撒落

召喚家鄉楊桃樹上燦爛繁星

啜飲白露後

在秋天揮霍甘美

豐饒饗宴這一季金秋的

人間厚味

菌油素麵伴鄉愁

　　味道，在記憶留下的紅塵事，有些就是慓悍的不肯隨歲月凋落，一碗家鄉「鳳凰古城素麵」，辛辣與麻香交織的滋味，說著淑君父親告別輝煌隻身渡海來台面對失去的種種艱難；然而對滕淑君而言，那是自小廚房有著父親溫柔身影，暗香湧動親情的人生美味。

　　2016年，我隨國際朝聖團前往印度採訪，行前已感染風寒，歲暮多霧的印度又讓行旅中揹著重裝備的我咳成胸肌拉傷，本身有護理師背景又是醫生娘的淑君，拿出理療用的精油為我緩解，聖域的患難真情，為我和淑君的道情提味、升溫。

　　回台後的一個秋日，她約我到家中認識她的父親滕興傑。1924年出生的滕爸一生戎馬，抗戰期間隻身隨部隊來台，軍中退休後曾任《華夏之光》雜誌社主編12年，目前是桃園文化瑰寶。

　　滕爸出身湖南省鎮筸城（今鳳凰縣）望族，曾祖父加洪公為晚清提督，後被誥封為建威將軍，由於母親在他3歲時驟逝，少年失恃的他獨享家族滿滿的愛與期待。當他鄉變故鄉，那段鎏金般的童年是記憶裡最美的夢。

　　說到故鄉的味道，滕爸說，兒時常隨舅媽到城東門外「準提庵」拜觀音，住持多以「菌油素麵」接待香客，時隔90年，他依舊魂牽夢

繫著那股齒頰飄香的滋味。「菌油素麵」裡的菌油，取自鳳凰縣出產的菌類，不含葉綠素寄生在灌木上，此灌木為叢，湖南人稱它為「叢菌」，採回家時用菜油炸去水氣放入罐中，在冰箱中可保存3個月，是佐麵美食。大陸國務院曾計畫大面積開發，二次派植物學專家去鳳凰城研發，因環境因素無法向外移植，最後功敗垂成。來台後沒有「叢菌」可用，滕爸便以味道相近的香菇取代，藉以聊慰鄉愁。

那天我吃下滕爸完滿傳承給女兒的這碗「菌油素麵」，黑芝麻伴著花椒的香醇，我相信數不盡的鄉愁在親情的芳馥中定已消褪大半。

菌油素麵伴鄉愁

料理示範：滕淑君

· 食材 ·

細乾麵	1人份
綠豆芽和胡蘿蔔絲	少許
嫩薑	1塊約拇指大小
芹菜或香菜	1枝

· 菌油素麵作法 ·

1　綠豆芽及胡蘿蔔絲入滾水汆燙1分鐘後撈起，嫩薑磨成泥、芹菜或香菜切丁備用。

2　細麵煮熟後盛入寬口大碗中，拌入　調味料B　，再放上豆芽、紅蘿蔔、薑泥，以及芹菜或香菜。

3　依個人喜愛，最後淋上適量的　調味料A　菌菇油即可。

· 調味料A　菌菇油 ·

葵花油	2碗
鮮香菇	5朵
薑	3片
花椒	2小匙
八角	2粒
辣椒粉	1/2小匙
鹽	少許
醬油	1大匙

· 調味料B ·

醬油	2小匙
黑醋	1/2小匙
黑芝麻醬	1大匙

三者混合後加少許開水調勻。

· 作法 ·

1　香菇洗淨後切丁，薑片剁碎；取一個大碗放入辣椒粉加鹽備用。

2　鍋中倒入葵花油，油熱後轉小火先放香菇及薑爆香，再放入花椒及八角一起翻炒，聞到濃濃花椒香後熄火。

3　在大碗放上濾勺，將　作法2　濾渣慢慢注入碗中後，趁熱加醬油攪拌，冷卻後用玻璃瓶罐裝放入冰箱冷藏可隨時食用。

涼拌茄醬苦瓜

　　2019年8月底接到彩雲發來一張「邀請函」，住在東勢的正銘將在中秋節當天為媽媽辦料理新書發表會。這位從我成為童軍開始，經常用餐桌上美味料理表達關愛的長者，要把近一甲子拿手的私房菜和對食物美味的傾心追求，透過食譜跟大家分享，真是讓人喜出望外，但電話那頭卻為我帶來一個不幸的消息。

　　那年，含光如玉的16歲，因為加入學校童軍社，我認識了一群相知一生的好朋友，並成為我三十多年來投身公益的關鍵起點，而我也在這裡認識了結褵一生的人。因為正銘是當時的副聯隊長，加上母親劉吳秋娘女士熱情好客，所以她家的餐桌經常是我們聚會的場所，因為吃飯吃出了好因緣，後來我們有3個童軍伙伴成了她的義子女。

　　劉媽媽出身農家，有10個兄弟姊妹，排行老大的她雖身材瘦小，但因為家中耕地大，幼年時期就必須幫忙料理三餐和工人點心，為了撙節開銷，也造就她不斷研發省錢又省時的料理智慧。由於她擁有慷慨熱情又謙卑的大姊風範，不但家族以她為中心，許多家人的朋友也曾是她餐桌的座上賓。她用料理虜獲人心，供養的不僅是豐盛的料理，更是一種讓人吃進心裡的盛情。

　　除了和正銘、鳳霞夫妻是至交，我的夫家也與他們比鄰而居，只

　　要假日返鄉，即使吃過晚餐，他們餐桌上還是會擺上我的碗筷，一家大小熱情招呼，個子纖小的劉媽媽總是吃得最少，她安靜又謙虛的看著我們品嚐鮮美薈萃時的驚呼，她的料理沒有強勢的味道，而是經典老菜裡，充滿一種讓細胞溫暖的感覺。有人說，那是一種「母親的味道」。

　　彩雲告訴我，劉媽媽在2019年5月發現罹患胰臟癌，取得家人共識後，決定放棄任何侵入性治療，她認為先進的醫療無法為她帶來幸福的生命終點，她要用最自然的方式面對生命的老化。

　　從48公斤到最後的32公斤，劉媽媽已經無法承受廚房裡的勞累。為了讓這位曾經用料理，締結出人情美味的母親，繼續將味道芳馥在大家的生活中，劉家三代決定為她出書，並每人學一道料理，在短短2個月後的新書發表會，讓大家重溫自己在某個生命時刻，曾因為劉吳秋娘的客家美食，而留下的美麗回憶。

　　因為自己在書寫上的一些經驗，我有幸參與其中貢獻一點心意。一個約好要拍封面照的秋日午後，劉媽媽在空檔中親授我一道簡單又好吃的涼菜，我向來不喜歡苦瓜，但透過酸甜的蘸醬，我彷彿品嚐到一個傳統客家女性，在一菜一味的燒煉中，堅持出自己的立家之本。

　　中秋節，這本只送不賣的《奶奶私房料理──難忘的客家味》料理書，在二百多位親友淚水和笑容的交織中感動問世。雖然生命的節奏依舊，但我相信劉媽媽曾經流麗在他人心中的記憶，已成繁花一樹。

 ## 涼拌茄醬苦瓜
料理示範：林寶秀

· 食材 ·

苦瓜	1條
番茄醬	2湯匙
糖	1湯匙
嫩薑	少許

· 作法 ·

1　苦瓜洗淨，直切成大約4公分條狀，將種子和白色果囊切除後再切成片狀。

2　冷開水中加入冰塊後，將苦瓜倒入冰鎮，或是直接放在冷開水中放進冰箱，大約2小時即可 [蘸醬] 食用。

【蘸醬】嫩薑磨成泥，再加入番茄醬和糖拌勻。

猴菇香米素燥飯

　　車行進入苑裡鎮上館社區，連綿300公頃的綠田，靜靜的從眼前鋪排到火炎山下，在google地圖的引導下，才轉入田間蜿蜒小徑，一整排漂遊的鷺鷥像田埂上的白色衛隊，為我定位目的地，彷彿也為這片純淨的稻田向外結界。

　　田中央的三合院遠遠走來年輕的農夫柯雄能，大方親切的笑容和他精於表達的能力，讓人很快就窺見他的不凡經歷。1977年出生於世代務農的他，在家人期待下出走農村從軍11年，由於對軍旅生涯漸生倦怠，加上當時社會正瀰漫一股離軍潮，於是他帶著在軍中修學英文的好成績，前往菲律賓成為一名「煉金師」。

　　開著名牌吉普車馳騁在礦脈間，年輕的柯雄能在金礦開發公司受到無比的尊榮，然而他卻因為1997年12月，為穩定地球溫室氣體所簽訂的「京都議定書」引發的環境相關議題，讓他開始省思自己身處的礦山，1公噸礦石提煉8g的黃金，最後傾倒在山谷那為數驚人的廢棄物，對生態環境所造成的嚴重污染。

　　打包著別人難以理解的固執和良知，柯雄能結束3年的煉金生活，轉身走入台北的創投公司，鎮日和巨額的數字廝殺，然而利益總是衝突著人性，有時就像刀鋒上的糖蜜，甘甜過後就是銳利相向。由於

極度不適應複雜的人際關係，正當躊躇去留之際，農業本科的二姊柯碧珍向他提出返鄉種植黑豆和小麥的構想。

2013年10月，熱衷於環境議題的柯雄能，和母親充分溝通後，在農民陳文龍的協助下，從一分多地開始，正式成為一名「揮汗烈日下的農夫」。7年過去，從無數失敗的經驗走來，柯雄能始終堅持有機耕作，從耕作、碾米、銷售全不假手他人。農忙之餘，靈巧的他為了活化農村，還舉辦各種體驗活動，讓更多人認識上館社區，讓農家子弟看見家鄉的價值。

柯雄能用謙卑的態度返鄉，用科學理論驗證早期農耕智慧，他從過去1.3公頃稻子、黑豆輪種，到2019年首度嘗試共生耕作，始終懷抱永動式農業耕作的理想。秧苗時期用水抑制雜草，稍長時用旱種杜絕福壽螺危害，結穗前雜草在植物陽光競爭的特性下出局，而採收前稻稈支撐黑豆藤蔓的自然共生，就是在這種沒有人工操作所形成的生態中成長，他的「秈稻22號香米」，才能為他贏來支持與喝采。

從浪漫野趣的煉金師到體面的白領階級，柯雄能如今躋身在老化的農村，致力生產安全的糧食，甘之如飴的住在田中央，過著「田中雄能」想要的踏實生活。離開前已是正午時刻，三代同堂茹素的柯家，盛情的邀請我和他們共進午餐。

陽光晒著窗外稻田綠光閃閃，在老屋裡咀嚼著微小晶瑩的米飯，素樸中隱藏的香氣，慢活的人，才懂。

猴菇香米素燥飯

料理示範：林寶秀

· 食材 ·

紅棗	8粒
猴頭菇	8顆
（市售調理好的）	
薑	50g
毛豆	少許
麻油	2大匙
醬油	1.5大匙
鹽和糖	酌量
水	1碗
米飯一鍋	4人份

· 作法 ·

1　紅棗和薑分別剁碎，猴頭菇切成碎末，毛豆燙熟備用。

2　麻油在鍋中燒熱後開小火放入薑末拌炒，待鍋中香氣飄出時再將猴頭菇放入，中火炒2分鐘後放入醬油熗香，再加入「水」煮滾10分鐘後，放入鹽和糖調味，即可完成素燥醬汁。

3　將紅棗拌入電鍋裡的米飯，盛放碗中，米飯上層，視個人喜好酌量放些毛豆，再淋上醬汁即可食用。

麻香川七柳松菇

　　好友凱茗從石岡訪友後特地來台中看我，帶來幾包朋友栽種的柳松菇、杏鮑菇，和充滿蘭花香氣的銀耳；由於它們看起來「漢草」剛健厚實，才領著她在餐廳坐下，卻等不及手上的茶甌才剛散發出茶香，好奇心已經跟著琥珀般的茶色閃閃發亮。

　　或許是我提的問題對凱茗來說太艱深，因此她只好領著我前去拜訪她常提起的善男子善女人──陳麗美、莊裕東夫妻，初啓我進入蕈菇栽培的神秘世界。

　　沿著豐勢路轉入石岡頭坪巷，狹仄蜿蜒的山徑旁，芒花和翠竹交錯佇立，離斷紅塵的姿態像一頁經典，在秋風中深邃說法。山道上大約10分鐘車程就抵達「隆谷養菇場」，入口兩側樹齡30年的五葉松，像金剛護衛般參天矗立，循著林蔭望去，是一塊鐫刻著「南無阿彌陀佛」的巨大碑石，一種安定的力量霎時穿掠人心。

　　「隆谷養菇場」由莊裕東的父親莊聰鍊先生和友人創立於1978年，經過十多年的興衰後，股權全部移轉至莊家。回憶開墾初期，原本在製藥廠工作的他受到父親徵召，和其他4名兄弟一起投入養菇事業，近五公頃的土地上，從整地、攪拌混泥土工事，到今日園區內數百種暖陽下輕敲秋韻的花木，莊裕東投入了40年的光陰。

　　當麗美姐打開養植柳松菇廠房的門扉，昏暗的燈光下，我走進喝著濾水器乾淨水源，並吹冷氣像育嬰般受到照顧的養菇場域，彷彿像走在另一次元空間，靜謐幽微。溫控從5℃度到18.5℃，金針菇、鴻喜菇、杏鮑菇、柳松菇和銀耳，在「隆谷養菇場」石岡場區1.4公頃裡，日夜芬揚滋長著體內飽滿的多醣體和胺基酸，然後從主婦聯盟、里仁和好市多等銷售平台，走進庶民的廚房。

　　提到那顆鎮場碑石，莊裕東談起了2003年的一段往事。當年有一位雲遊至此的比丘尼，臨去前除了希望在石頭鐫刻彌陀聖號，也提醒他們為了母親的健康能夠茹素積德。為了善盡孝道，全家不但開始吃素，中午也免費供餐給員工，就連蕈菇們當時也可以在佛號娠繞的環境中成長。

　　已屆耳順之齡的莊裕東表示，目前「隆谷養菇場」所有行政、業務與開發，均由小弟莊文豐負責，他自己則打理著場區庶務，過著半退休的生活。引領他進入一貫道信仰的妻子陳麗美，除了和他一起關心員工生活大小事，他們也攜手規劃心靈成長課程，每月一次延聘講師，豐富多元的內容，藉以提升大家的視野。

　　柳松菇是「隆谷養菇場」於1986年首度自日本引進台灣，目前生產量和金針菇一樣居市佔率七成，據說它的營養價值是一般食用菇的26倍，秋冬季節加上麻油和川七，剛好可以補血益氣、暖胃強身。

麻香川七柳松菇

料理示範：胡家菁

· 食材 ·

柳松菇	2包
川七葉	15片
栗子地瓜	2條（約150g）
枸杞	酌量
老薑片	50g

· 調味料 ·

冷壓麻油	2大匙
鹽	1小匙
糖	2小匙
水	50c.c.

（也可以薑汁代替）

· 作法 ·

1　柳松菇快速漂洗、枸杞洗淨瀝乾，栗子地瓜洗淨放入電鍋蒸熟後段切2公分備用。

2　炒鍋燒熱後，將柳松菇放入乾炒5分鐘後盛起。

3　鍋中倒入麻油和薑片爆香後，依序放入柳松菇、栗子地瓜和枸杞，稍微拌炒後加入水和鹽調味（麻油料理應避免過鹹，會提出苦味），最後加入川七約3分鐘後即可起鍋盛盤。

135

黃金甜筍炒雙脆

　　初秋的早晨，步上葉宗煌大哥家屋後碧渥磐縷的山徑，不遠處二欉青竹的千枝萬葉，在9月新風中像隱士般飄然佇立，隨著穿透枝葉灑落的陽光，傳說中甜如蜜梨的「黃金甜筍」終於敞亮在我眼前。

　　去年夏天，收到劉覲瑜大姊送來2枝碩大的竹筍，她交代我只要快炒5分鐘就可以吃，看著眼前明明已經出青，裡面也已成節的竹筍，當下我半信半疑一再確認，她才告訴我，這是三十幾年來在母親跌倒癱瘓前為她做頭髮的「阿碧珠」，她的先生葉宗煌種的，也是市面上很少看見的品種雲南「黃金甜筍」。

　　回家料理時，剝去黃褐色如祥雲堆疊般的筍殼後，筍身纖維細緻，只要放一點油快炒幾分鐘即可上桌，甜美的鮮味深刻的在腦中交迭迴響。暮夏連綿雨勢，助長葉大哥橫坑山屋旁的翠竹筍日日抽長盛產，我終於有了上山一睹它金容的機會。

　　葉大哥畢業於中台醫專醫檢科第一屆，三十幾年前在卓蘭開設第一家醫事檢驗所，執業16年後，因為有感於當時檢驗儀器不夠精實、職業風險高，他開始有計劃栽種國蘭，目光從顯微鏡移向曠野山茇，並在蘭園旁築起山屋，舉家搬遷定居於此。1990年他和好友成立蘭花研究班，並逐年擴展種植規模，目前仍有3萬5000盆的數量，外銷對

137

象主要為日本、韓國和大陸。

十多年前，他從蘭友手中拿到甜筍種苗，據說他是第一個在卓蘭地區栽種的農民。經過用心培育，每年11月到次年2月撒下草木灰後，再以粨類做基肥，全自然耕作，如今已有1000斤的年產量，他笑稱自己種筍是在做社會服務，除了將苗種分送，每年到了竹筍產季，他還熱情的將甜筍劚下後直送友人家中廚房。他知道我回台中得花費1個小時的車程，不但教我料理的方法，還一再叮嚀碧珠姐在甜筍切口處抹鹽，為的是務必讓我嘗到最鮮美的滋味。

為了「養蘭」從街市移居山野，葉大哥雖然依時而食，過著坐擁王者香、邀月入懷的半隱居生活，但他閱歷豐富，農忙之餘依然手不釋卷，遍讀歷史、文學和科技等各種書籍，尤其是鑽研武器與戰略，是他最大樂趣，他說：「全世界最高科技隱藏在武器中」。

經年涉略新知，葉大哥雖自謙一介老農，但與他促膝長談後，他的風趣、飽學彷如山風邈展，帶著四野才嗅得到的自然芬芳。

黃金甜筍炒雙脆

料理示範：林寶秀

· 食材 ·

黃金甜筍	1支
絲瓜	1條
紅彩椒	1顆
黃彩椒	1顆

· 調味料 ·

油	1大匙
水	1碗
鹽	1茶匙
糖	1大匙

· 作法 ·

1　將甜筍、紅、黃彩椒切成接近「0.8公分×5公分」的條狀。

2　絲瓜削皮後切成4瓣（若擔心秋天食瓜虛寒者，可將尾部透明圓圈的部位切除）。挖去中間子囊部分，將外圍較硬的部分，切成接近「0.8公分×5公分」條狀備用。

3　冷鍋放入油、水和甜筍後開火拌炒，滾沸時蓋鍋燜5分鐘後放入絲瓜，再炒3分鐘，最後加入鹽和糖調味後熄火，再將彩椒均勻拌入即可盛盤。

餘香玉米筍

　　過去我和大部分人一樣，認為玉米筍是玉米的小孩，是疏果淘汰後的食材，因為眾說紛紜，又沒有認識種植的朋友，所以始終沒有找到答案；晚近幾年，因為網路資訊發達，才知道這樣的想法並沒有錯，但要說完全正確，卻還不夠圓滿，直到走進張哲維在雲林縣土庫鎮的紅鬚玉米筍園，這才真正為自己解了惑。

　　2016年的春天，佛光山巴西如來之子足球隊前往香港、大陸進行巡迴賽時，我跟著擔任隨隊採訪，當時同行的雅涵負責所有行程安排和管理，因為兩星期的同宿，這個美麗愛笑的女孩，對我照顧有加，旅途中我也發現她來自一個凝聚力強的家庭。

　　終於有機會走進雅涵在土庫的家，那是50年代典型的農村建築，晒穀場上停著一部嶄新的藍色農耕車，她說那是弟弟哲維買來幫附近農民播種的農機。1991年出生的張哲維，嘉義大學資訊工程系畢業後，從事電信光纖接續工程，2016年退伍的他，因為喜歡三代同堂的大家庭生活，因此選擇繼續留在農村。

　　他一邊接光纖，偶爾兼差當幫農，期間因為目睹農村人力凋零，新興了代耕的工作機會，張哲維看見其中的商機，因此第二年，他為自己作出選擇，辭去工作並向農會貸款300萬，買了一部「花生播種

機」，幫當地老農的花生、玉米做畦、播種，並租二甲地種植紅鬚玉米筍、花生及水稻。

台灣的花生產量，以雲林為最大宗，約佔總產量70%，其中最大面積則屬土庫和元長地區。張哲維表示，代耕的收費，一分地大約是500元，一年二季他大概可以耕作70甲地，雖然耗材花費大，未來耕地面積若能持續成長，只要熬過5年，他就可以脫離每月高達7萬的還款壓力。

走向從農之路的初期，張哲維一直受到「潮農天團」青年農民的輔導和幫助，在他的玉米筍田間，天團的團長方澤強也陪在身邊，他們告訴我，紅鬚玉米筍可以長成玉米但不好吃，所以這個品種只作為玉米筍食用，因為它的殼很硬，所以蟲並不愛吃，即使是慣行農法，它的植株長到膝蓋高度後就不太需要用藥，消費者可以安心食用。

「我們耶誕節最希望的不是交換禮物，而是交換債務」。玉米田青綠的田埂上，他們打趣的調侃自己，並告訴我，7位天團成員和張哲維，每個人身上都背負著貸款在田中央期待未來。

這些農業的青年軍，在市場機制尚未回歸自由發展前，他們知道，只有勤耕的美麗，沒有等待的輝煌，不論結果如何？我相信——土地將銘記他們的努力。

餘香玉米筍

料理示範：林寶秀

· 食材 ·

玉米筍	15根
杏鮑菇	1支
紅彩椒	1顆
水蓮	30g
香菜	2小根

· 調味料 ·

醬油膏	1大匙
鹽	1/4茶匙
糖	1茶匙
水	30c.c.

· 玻璃芡 ·

太白粉	1茶匙
水	2大匙

· 作法 ·

1　食材洗淨，水蓮段切「7公分」、杏鮑菇和紅彩椒切丁、香菜切末。水煮沸後放入玉米筍，待水再次滾開撈起，隨後放入水蓮氽燙20秒起鍋放涼。

2　鍋中放1茶匙油將杏鮑菇炒3分鐘後，依序放入紅彩椒、香菜、醬油膏、鹽、糖和水，拌炒後倒入 [玻璃芡] 燒開後盛起備用。

3　將玉米筍擺盤，上面放水蓮，最後淋上 [玻璃芡] 的芡汁即可。

苦瓜梅乾菜

「這星期天有回來嗎？來拿一些菜回台中」——這是親切如母姊的多肉達人劉覩瑜阿嬤在大山裡的呼喚。

10月的大峰山，秋天擁著多彩潋灩，給了苗54-1縣道沿途描摹了好看的顏色；前往花草坑劉覩瑜大姊家，途中大片懾人心魄的第一公墓，總是讓我在人煙稀少的山路上心驚膽顫；直到2018年父親的軀爐安奉於此，這裡至今成為我最接近父親的地方。

2017年，我在女兒小學老師彭梅千臉書上，看見來自故鄉卓蘭的動人跡履，讓我有機會為大山裡發生的美麗故事寫了幾篇報導，其中，在採訪憑一己之力，打造綠色校園的劉覩瑜時，才知道她竟是父親多年好友，因為這次報導，一向沉默的父親特別交代我「好好用你ㄟ筆，去援助人」。父親用閩南語「援助」——如此慎重的字眼。

父親往生後，我耗盡力氣整理悲傷，那段時間，每逢蔬果熟成或是多肉萌發季節，劉大姐都會邀我入山小聚，她的人情理解，其實也是摧折心肺的人生經歷。

1952年出生農家的劉覩瑜，為了分擔家計，小學畢業第二天，就提著母親為她準備的方巾包袱含淚道別，前往高雄幫傭煮飯；16歲時她離開高雄，在電子工廠繼續她的人間責任。

　　21歲那年，在母親的堅持下，她與詹姓同鄉結縭。一生多病的丈夫，在婚後不久，就讓她一肩扛下家計——從麵攤、自助餐、開鐵牛運貨到駕駛挖土機，所有能賺錢的工作她都努力奔赴。45歲那年，命運的巨浪再次潮打孤城，她的丈夫終因藥石罔效溘然辭世。

　　熬歷過無數生活磨難，命運之神並未就此歇手！2008年時值37歲的長子不幸中風，雖從鬼門關搶回了性命，但同一天，中國大陸籍的長媳卻拋夫棄子離家而去；兒子在加護病房的那些日子，劉觀瑜每天忍痛操持農務，待探病時間一到，便帶著兩個當時分別才10個月及2歲的孫幼兒，肩揹手推的趕去沙鹿探望愛子。

　　她在困頓時，把一葉一葉孵出的多肉植物帶進孫子就讀的雙連國小，她撿拾枯木、廢棄家具用巧手裝置，短短幾個月用上萬株多肉、組盆近300件，打造這所偏鄉學校令人驚豔的綠色奇蹟。

　　3年過去，劉大姊揮別悽苦變得開朗快樂，她說：「因為接觸的人變多，受到鼓勵，生命被注入滿滿的正能量」。她開始受邀到外地講課，也用撿來的梨樹枝幹改造老屋，在山裡開班授課，教授多肉組盆、編種子串和水耕植物培植。

　　劉大姊領著我在桂竹林旁鮮採最後一批苦瓜，滿滿一大箱的山林饋贈，裝著永不凋謝的深情厚意。苦瓜的花語是「強壯」，從夏天到金秋，它沒有疏離人間煙火，能把日常滋味轉苦為甘，不敢嘗試的苦，反而承載更神奇的味蕾轉化。

　　苦不苦？不到最後，誰知道生命將為我們迎來什麼答案？

苦瓜梅乾菜

料理示範：林寶秀

· 食材 ·

苦瓜	1.5條
梅乾菜	40g
醃梅	6粒
薑片	20g

· 調味料 ·

醬油	2大匙
油	1大匙
糖	1茶匙
鹽	1/2茶匙

· 作法 ·

1　梅乾菜須多洗幾回後再浸泡2小時，再次清洗一回後，切成1.5公分小段。以電鍋「外鍋1杯水，及內鍋水淹過食材一半」的方式蒸煮。

2　將苦瓜1條去籽後切大塊，在沸水中汆燙5分鐘後撈起放涼。另外半條苦瓜切成「7公分」，挖籽後小心切掉底部方便直立擺放，最後再將醃梅填入盅內。

3　鍋中先放油煸香薑片，再用醬油嗆香後；放入苦瓜、梅乾菜炒3分鐘，起鍋前加入糖和鹽調味即可盛盤；盛盤後旁邊擺放苦瓜盅醃梅。除了擺飾，交替食用還有苦後回甘、酸中帶甜的滋味。

洋香瓜盅溫沙拉

　　金秋時分，外子住在台中新社的三舅陳水良，每年會送來讓他在拍賣會上以1顆52,000元高價售出，令他聲名大噪的「日本網紋洋香瓜」。因為喜歡香瓜後熟的香氣，我總是放在櫃子上，到最後一刻才讓全家享用。

　　年輕時的三舅英姿挺拔，雖然只上過3天小學卻獲獎無數，曾傲然站上大學講台授課，也曾應邀到台灣首屈一指的農學院參與論壇，憑一介赤腳農夫卻被大陸食品集團延聘為顧問，他腦海中未來農業的烏托邦被對岸視為瑰寶，但在自己一生熱愛終老的鄉間，卻像無人企及的荒莽，行來孤單。

　　在平凡的家族中，他像一顆珍珠卻閃爍著難以被理解的光芒，直到看了《遠見》雜誌，我才找到他一生為土地付出的跡履心路。

　　1949年陳水良出生在赤貧農村，6歲就下田耕作，退伍後自覺不足，因此到處聽演講學新知。1989年，中區農改場舉辦一場有機農業論壇，啟發他在往後十年投入有機栽種的行列；同時對土壤、肥料、溫控也有更專業化的研究。1998年，他環視台灣農業消費市場衰蔽，因此自日本引進「網紋洋香瓜」栽種，期間歷經七年失敗，沒想到一場暴雨襲擊，卻為他找到溫控的致勝關鍵。

　　三舅的洋香瓜盡是「一生懸命」一株只留一顆，而且葉果比例是完美的「23～26：1」，一年只種一期、年產量約1800顆，1顆大約2.5公斤。「簡單的事堅持做就會變成專家」，三舅喜歡用這句話鼓勵年輕人，而這正是他一生最好的註解，他沒有屈就困厄的環境，決心用時間把鬆弛的弓弦張滿緊扣，專志凝眸，最終為他精準的射下飽滿香甜的紅蘋果。

　　一生親耕沒有離開過土地的三舅，雖然只讀過三天書，但憑藉自學苦讀曾獲《遠見》雜誌報導二次，被譽為「藍海農夫」，並於2015年獲選「為土地鍍金的百大黃金農夫」。2016年《遠見》雜誌為了支持他對這片土地用心耕作超過半世紀，並致力推動台灣農業精緻化，特別規劃《田園夏宴》、《人文秋宴》二場活動，將他「黃河果園」內栽種的食材，透過「餐的藝術形式」讓現場藝文界極具影響力的賓客，與在地當令食材間，進行一場綺美的對話。

　　秋天空氣乾燥身體容易上火，食用富含維生素A、維生素C的洋香瓜，溫沙拉絕對是一種最華麗的選擇。

洋香瓜盅溫沙拉

料理示範：林寶秀

· 食材 ·

洋香瓜	1顆
櫛瓜	1條
杏苞菇	3支
小番茄	10顆
綠花椰菜	1朵
蘿蔓生菜	1棵
香油	少許

【醬料】

蜂蜜、檸檬汁和柳橙汁以3:1:2比例調勻後，加入1大匙橄欖油及少許磨碎的檸檬皮。

· 作法 ·

1　杏苞菇切段雙面用刀輕劃井字型，鍋中放入香油、燒熱後入鍋煎香備用；櫛瓜切片入鍋煎1分鐘盛起。

2　沸水中加入少許油、鹽，將綠花椰菜汆燙約1分鐘後撈起備用。

3　每顆番茄橫切3等份。蘿蔓葉縱切成2片再橫切成2公分，放入冰水中瀝乾後備用。

4　洋香瓜從上面1/4處橫切，將果肉挖成圓球狀，並將挖空的瓜體刻成鋸齒狀，盅底放入蘿蔓生菜，再將所有材料混合拌勻後置入，食用前倒入〔醬料〕即可。

151

酪梨丼飯

　　11月的人間，金秋颯爽滿目豔列；台灣南投11月的名間，茶樹映翠顏色不改，秋天在這裡，不改本色的還有「酪梨」。

　　每一次聚會，好友鄭世宏和王秀珠夫妻總會拿出珍藏的紅茶和咖啡，為我們在時光綿長裡芳馥的友誼，短暫的放下塵勞，收攏著美好。喝了幾年的好茶，凝香在記憶裡的味道，終於有了前往松柏嶺尋根的機會。暮秋的早晨，還沒走進名間鄉中正村兼農吳政忠的家，早前先抵達的朋友，已經讓一屋子笑聲溢出了小巷，雖是初次見面，卻和主人有幾分熟悉感，最後才認出他竟也是惠中寺的場地義工。

　　畢業於弘光科技大學醫務管理系的吳政忠，經年在食品業界從事業務和管理工作，目前則任職於日正食品台中營業所主管。日正食品在台灣每年擁有高達12億產值，身處第一戰區的台中所，面對北起竹南、南至雲林的管理，吳政忠卻在難得的休假日變身農民，並樂在其中。生命裡戀家的本真性格，時時析出的磁力，是導引他心繫鄉野的神秘原力。

　　2010年，因為被派駐大陸經商四年多的二弟吳政哲，無法適應複雜的人情酬酢與生活動盪，決定告別繁華返鄉耕作；身為家中長兄的吳政忠和小弟政峰，看著褪下商界光環的兄弟，扎實隱遁田野，於是

，休假日他們帶著妻小，以全員下田的實際行動作為家族支持。

　　每個假日，家族裡連3歲的兒童都要下田，他們的身影，穿行在松柏嶺春天蒼翠的茶壠，夏季嫣紅的玫瑰花房裡，他們共同欣賞最美的豐收，而秋天高敞的酪梨樹下，他們會一起享受秋光穿透的收成時節；茶香瀰漫的冬日，一甌片刻歇息時的紅茶，也有著緊挨著彼此的溫暖，吳政忠說：「我最喜歡和家人在田邊喝茶吃東西，我很享受那種氛圍」。那是簡單裡，最隆重的家族聚會。

　　松柏嶺宜人的秋日春朝，也必然有它的霜露洗禮。2014年吳政忠曾因識人不深冤揹債務，在失意難解時，適巧他的小學同學常宗法師在前往美國弘法前，送他《金剛經》和《藥師經》二部經典，並囑咐他別困在失去的糾結中。為了離苦，他全心投入經典並每天懺悔，因為仰仗佛法得到的解脫力，讓他看見信仰對人生的幫助。

　　此後在下田耕作前，他會合十默禱，祈請《地藏經》裡載示的山神、水神、苗稼神幫忙照顧他們的果園，農耕時腰間則繫著下載的MP3，從《地藏經》、〈大悲咒〉等經文循環播放，吳政忠說，一分恭敬得來一分感應，他發現水果口感好價格更出人意表。

　　六分地的酪梨園裡，從11月到隔年2月，樹梢將掛滿粒粒飽滿的「秋可」和「厚兒」二個品種，甘於放下都會享樂的吳政忠，將在年年復年年衍生美味的農事裡，追尋他想要的悠然與幸福。

酪梨丼飯

料理示範：王平行

· 食材 ·

白飯	4人份
酪梨	1顆（約400g～600g）
小番茄	200g
洋菇	1盒（約200g）
胡椒鹽	酌量
白芝麻	酌量

【醬汁】

醬油3大匙、味醂1大匙、韓國純芝麻油1/2小匙、芥末醬1/4小匙及薑末1/4小匙，調拌均勻。

· 作法 ·

1　小番茄對切，洋菇切片，酪梨去皮切大約1公分小丁。

2　炒鍋加熱後，用中火將洋菇乾炒到出水，待收汁後撒上少許胡椒鹽，撈起備用。

3　取碗盛白飯，將酪梨、小番茄和洋菇均勻鋪在飯上，淋上醬汁後撒上白芝麻即可食用。

無花果綠沙拉

　　盛夏在美人花樹下暫別，9月新風，帶著台灣欒樹的金穗，輕扣仲秋的門扉。行經彰化溪湖鄉東螺溪畔，1.5公里的欒樹綠廊，秋色綿延著蒼鬱繽紛，不知它早已美名遠揚，為探訪鄰近專業種植無花果的「慈恩庇護休閒農場」，我又再次遇見藏身台灣鄉間的美麗風光。

　　被google地圖帶著團團轉，終於在繞場三匝後走進「慈恩庇護農場」。年輕的場長李政勳，和我在電視上看見的一樣，一身黝黑晶亮的皮膚，襯托他親切有禮的介紹，更彰顯他給人的專業印象。

　　走入1200坪種著無花果的溫室，一種熟悉的味道迎面而來，五年前，我也在頂樓種了2棵，這種在《聖經》裡曾被提到57次的生命之果，李場長告訴我，亞當和夏娃就是用無花果葉遮身體的，原來無花果竟是擁有五千年歷史的古老水果。

　　4公頃的園區裡花木扶疏、瓜果飄香，一處庇護之地卻種出名聞全台的無花果，隱身背後的，必然是一段暗湧香息的歲月。

　　位於彰化縣二林鎮華崙里的慈恩基金會，所附設的慈恩庇護休閒農場，原是一處老人養護中心，2003年因為SARS在台爆發，遊民被匡列為高危險群，避免造成疫情死角，因此各縣市政府緊急尋找民間機構協助安置，當時慈恩養護中心被安排入住五十多位街友。

　　生活畢竟不是吃飯睡覺這麼容易的事，尤其是習慣自由的街友。李

場長說，當時在董事長李金水的指示下，開始將大家在園區散步晒太陽的時間，用園藝、寵物療法，以「1:6」的師生比，教導他們養牲畜和種菜，用每天動物和植物成長的變化，給他們希望和刺激。

由一開始只想讓大家有事做、種給機構吃，到如今證明這群被社會遺忘的弱勢也能自食其力，這是創辦人李金水一再要求員工「往更美好的方向走」的成果。李政勳說，除了開會考察，董事長全年無休，除夕夜的圍爐，他也陪伴著這些無家可歸的人。

「身心障礙的人需要固定性的工作，不能變動，這是不厭其煩的教育」。從利他出發必能圓熟一種心靈美味，但不斷研發才是無花果能增味提香的關鍵。除了澆灌各種酵素，2013年農場在找尋適合的肥料時，巧遇中興大學土壤環境科學系教授陳仁炫，在他的指導下學習了養殖蚯蚓，用牠們的糞便做天然肥料的技術。

李政勳提到，蚯蚓糞便富含土壤改良的益菌，餵食蚯蚓的菜葉，剛好可以解決機構生廚餘的問題，可說是一舉兩得。慈恩庇護休閒農場多年來，透過這群身心障礙者，持續不斷遵循大自然規則使用蚯蚓土、酵素澆灌等自然農法用心阿護下，漸漸讓土壤回復生機，因此種出口感像水蜜桃的頂級無花果。

「慈恩庇護農場」承載一群夢想微渺的人對生活美好的期望，他們正努力翻轉曾經斑駁的人生，勤耕出味厚醇香的果實，他們要用自己的力量站在那裡，迎接尋找讓味蕾感動的人。

無花果綠沙拉

料理示範：林寶秀

· 食材 ·

無花果	3顆（約100g）
蘆筍	90g
蘿蔓	100g
檸檬	1顆
香吉士	1顆
綜合堅果	30g
黑胡椒粉	酌量

· 作法 ·

1 沸水中加入少許鹽巴，將蘆筍燙熟後放涼。

2 無花果直切片、香吉士切8等分後去皮，蘿蔓葉對切後切成小段備用。

3 將蘆筍放在盤中鋪底，將 作法2 放在上層淋上 醬汁 即可。

【醬汁】蜂蜜3.5大匙、鮮榨柳橙汁1大匙、檸檬汁1大匙、橄欖油1/2茶匙、鹽1/4小匙及黑胡椒粒1/4小匙調拌均勻。

香菇飛碟

　　走在新社俗稱「香菇街」的協中街上，午後一場山風微雨落在「昇和香菇農園」招牌下的鹿角蕨，二十多年恬靜的時光，沒有讓它隱隱老去，反而枝展出一身的蓊鬱姿容，襯托著垂蔭下整理香菇等著配送各地的菇農夫妻，安然的背後，我相信，那必然也曾是濃蔭外的另一場風雨。

　　農場主人吳螢亮，大家叫他「阿亮」，1964年出生在苗栗頭份，從小看著父母租地種甘蔗，生活清苦，懂事的他，為了減輕家中重擔，國中畢業後就在磚窯廠工作長達12年，直到1984年改行開大卡車；外型溫文纖秀的阿亮，讓人很難將他跟豪邁的大卡車司機聯想在一起。

　　軍中退伍後，阿亮漸漸感到這個行業的危險，因此，1990年他暫離方向盤，在塑膠工廠過著朝九晚五的藍領生活。然而，已慣於馳騁的靈魂又怎能安於翅翼被繫縛、渾身死寂的感覺？幾個月過去，他又重回鐵臂雄風的公路人生，但半年後，在黑暗中狩伺的夢魘卻找上了他。

　　大女兒衫儀出生那年，載著水泥涵管到獅潭百壽隧道工程現場卸貨的阿亮，一如往常小心翼翼的拆解鋼索時，不料大型涵管卻不明原因的全滾落在他身上，逃避不及的他，頭骨、手骨及鎖骨多處斷裂，

命在旦夕的他雖然幸運的在鬼門關前止步，然而嚴重的後遺症至今仍交纏不清。他顏面神經麻痺，初期經常七孔出血，因為眼角膜損傷，為了留住淚液，他不得不縫小眼睛，並經歷半年復健讓五臟六腑復位。

　　為了養傷、為了家庭經濟，阿亮決定搬回亮嫂宋麗雲新社娘家附近，並租地種香菇。他說，全省市售香菇70%來自新社，在親人得以照應的土地上，種植不需在耕作時曝晒的香菇，這是他們夫妻倆當初選擇這項作物的原因。他一方面有機栽種，一方面農閒時在附近租地造林、復育獨角仙，希望有生之年把珍貴的土地，像他的身體一樣，一點一點慢慢修補。

　　為了將友善土地概念傳承給下一代，2004年學佛的阿亮走進校園，教學子種香菇、玩種子，藉此倡導環境復育。「昇和香菇農園」旁除了幾棵參天老樹，琳瑯滿目的手工藝品，全來自擁有一雙巧手的阿亮，他收集種子將近二十年，創作出的作品充滿童趣，琳瑯滿目，在菇舍昏暗的展示場裡，陪著主人走過恬淡的歲月。

　　若非一次大難，吳螢亮此生將不可能洞察到山野那妙不可言的魅力，也絕無可能讓他在平淡中擁著蘊味生活。

香菇飛碟

料理示範：林寶秀

· 食材 ·

香菇	8朵
胡蘿蔔	15g
香菜	10g
芹菜	15g
調味好的植物肉漿	200g
青花椰菜	90g

· 調味料 ·

醬油	1/4茶匙
太白粉	酌量
油	2大匙

【醬油水】

醬油1.5大匙、鹽1/4
茶匙、水300c.c.拌勻

· 作法 ·

1　香菇去蒂頭後迅速漂洗擦乾，青花椰菜滾水燙約2分鐘，起鍋放涼在盤中擺飾備用。

2　將胡蘿蔔、香菜、芹菜切細末，和醬油一起放進植物餡漿中均勻攪拌。

3　香菇皺褶面撒上少許太白粉後，鑲上 作法2 ，並用湯匙夯實壓緊。鍋中放油燒熱，使香菇面朝下，用小文火先將餡漿煎約3分鐘，再翻過面後倒入 醬油水 ，蓋鍋煮5分鐘，起鍋後盛盤即可。

163

鮮蔬黃金火龍果

　　2019年8月在沖繩旅遊時，第一次看見黃色外皮的火龍果，不到一個拳頭大，卻要價台幣260元，由於特別又昂貴，因此留下深刻的印象。三個月後，沖繩友人金武一家來台，帶他們回卓蘭老家探望母親後，順道前往永安餅行買伴手禮時，不經意在店門口看見一個年輕農民的攤位上，擺著每顆重達900g的黃金火龍果，即便是出生在水果王國，我都必須用「驚豔」來形容當時的感覺。

　　黝黑的皮膚在晚秋的陽光下，鎏滿一種光絲和素樸，和38歲的年輕躬耕者許睿軒交談，從他頻率起伏不大的聲音裡，隱約著一種修養，尤其是走進他種著地毯草的火龍果園，軟綠的土地上讓人看見作物被如此珍視，不由得也讓我對果樹心生一種恭敬。

　　美容本科畢業的許睿軒，曾在國內知名髮廊工作多年，在他25歲時，因喜愛農村的寧靜生活，毅然返鄉開設「米米髮廊」。由於鄉村四季農作有時，每逢農忙，農民一切休閒都必須擱置，因而影響髮廊收益，為了補貼不足，他開始租地種植蔬菜，多年後，因為搭設的網室大都已經毀損，促成他決定種植在當時成本效益較高的紅色火龍果，過著白天農夫晚上美髮師的生活。直到2016年小孩跌倒骨折，為了讓從事護理師的妻子安心上班，他結束辛苦創業的髮廊，全心照顧受

165

傷的孩子，並成為一位全職的農民。

2017年冬天，當火龍果價錢日益下跌時，許睿軒在網路上發現有人販售澳大利亞品種的黃金火龍果枝條，雖然一段30公分售價就高達3000元，但他決定放手一搏，為自己找一條生路。

目前他在租賃的七分地種植4300棵黃金火龍果，有別於紅龍果，只要按時施肥、疏花疏果的方便照顧，黃金火龍果多了人工授粉的工序，加上晚上才開花的特性，深夜11點到半夜1點，是他獨自在田間工作的時刻，他說，冬天開花晚，有時候時間會再延後。

過去二年發現，我拜訪的農民大都因為鮮明的性格，才能踽踽獨行堅持在農耕路上，為大家提供優質的作物，但許睿軒卻像溫火，在華麗的年紀歸隱鄉間，圍著田地安心種植。為了顧及孩子到果園的安全，他種地毯草；為了避免用藥，他養鴨防蟲害，會成為一名農夫，他不是懷抱信念，卻像是一種渾然天成。

火龍果樹在許睿軒雙手扎滿針孔，彷彿說著他從青澀到醇厚的一種生命紋理。

鮮蔬黃金火龍果

料理示範：林寶秀

·食材·

黃金火龍果	半顆
鴻喜菇	半包
紫山藥	150g
紅色彩椒	1小顆
豆薯	半個
綠蘆筍	半把
白果仁	15粒
薑	5片

·調味料·

芝麻油	1.5大匙
鹽	酌量

·作法·

1　剪去火龍果外表鱗片後對切，並挖掉果肉，將火龍果皮和紫山藥、豆薯、彩椒切成條狀。鴻喜菇剝成小朵，將2/3把蘆筍切段，其餘的切丁備用。

2　冷鍋放芝麻油和薑用文火炒到香氣釋出後，將薑油一起倒入碗中浸泡備用。接著不洗鍋倒水煮沸，並將所有食材依序汆燙：綠蘆筍（1分鐘）、豆薯、火龍果皮、彩椒（各30秒）、紫山藥、白果、鴻喜菇（各2分鐘）。

3　取大碗放入所有燙好的食材，用鹽調味後，再依個人口味放入薑油拌勻即可。

油甘梅漬和醋飲

　　2016年底，我帶著感冒踏上印度旅程，沒想到沿途大霧寒澈脊骨，讓我咳得更厲害，一位台灣雲遊至此的法師見我氣色差，拿了幾顆果實要我吃下，沒想到輕輕一咬，一種說不出的酸澀像大軍壓境，馬上刺激全身細胞迅速覺醒，沒多久，回甘的滋味讓乾燥的舌扇舒服許多，那是我首次吃到被譽為印度聖果的「庵摩羅果」，在台灣它叫「油甘」。

　　9月初，淑芬送我油甘果醋，還告訴我它的保健療效，很好奇阿嬤年代就有的這種植物綠鑽石，於是央請她安排走訪了油甘果農張燈榮，在他1.3公頃綠茵錦織的油甘園裡，聽他一生為土地崢嶸的顛簸。

　　目前任職卓蘭果菜市場主任的張燈榮，曾在有機肥料工廠擔任製造與銷售相關業務，三年的歷鍊裨益了他日後在參與農事時的施肥觀念。隨後在父親的安排下，他進入農會工作，五年後因地方選舉糾紛，讓年輕氣盛的他黯然離職。

　　為了生計，他和遠嫁日本的大姊籌謀茶葉生意，透過地方農會產銷班供貨，原以為品質多一層把關，沒想到一年後竟被滲入劣等茶葉，讓他商譽盡毀；其後當小販賣水果、送瓦斯，從工地掃地、打石到成為一名建設公司副理，端詳著歲月在他臉上雕鑿的滄桑，很難想像

他是三十幾年前，穿著豐中校服、每天騎著單車從我家門前經過，那個五官立體、俊秀晶瑩的少年。

　　離我家800公尺的張家伙房，50年代至今家族興旺代有聞人，然而張燈燊的父親卻是唯一將土地變賣殆盡的一房，失去土地就像失去張家精神血脈般，千百掙扎都無法將它從生命拔除，為了找回家族榮耀的拼圖，十年前他負債買下位於白布帆的河床地，在苗栗農改場劉雲聰博士建議下，種植果實維生素C是蘋果的164倍、硒是2182倍，聯合國世界衛生組織更指定為三大值得栽種的保健水果「油甘」。

 ## 油甘醋飲
料理示範：蔡招娣

· 食材 ·	
3.5公斤玻璃罐	1個
油甘	1200g
金門高粱醋	1200g
冰糖	1000g

· 作法 ·

1　玻璃罐和油甘洗淨後徹底晾乾。

2　晾乾的油甘、冰糖和醋，依序放入罐中，3個月後即可飲用。

　　1664年前後，台灣自廣東引進油甘，目前全世界約有17個國家傳統藥物體系使用它，現代藥理學研究發現，油甘具有抗炎、抗菌、抗病毒、抗氧化等功效，並經研究證實具有調節血脂肪、血糖和抗動脈血管粥樣硬化作用，也用於保肝藥物，是近年國際研究發現營養價值高，具有五千年歷史的古老保健水果。

　　時值油甘產季，入秋食用有助緩解乾燥生津，張燈棻建議可直接煮水10分鐘飲用，煮湯、釀醋或醃漬當零食，都是很好的選擇。

梅漬油甘番茄

料理示範：蔡招娣

· 食材 ·

小番茄	半斤
油甘	15粒

· 作法 ·

1　小番茄底部用刀輕劃十字後，放入煮沸水中30秒撈起，馬上放進冰水中冰鎮，冷卻後剝去外皮。

2　將油甘在沸水中燙1分鐘撈起，冷卻後和小番茄一起放入拌勻的 醬汁 ，在冰箱靜置一夜即可。

【醬汁】

原色細冰糖2大匙、蜂蜜1大匙、酸梅20粒、檸檬汁少許、冷開水約700c.c.攪拌均勻

PART 4

冬
的膾炙

冬天的風

不在天空惆悵

不在樹梢微顫

嘯行在汗漬過的山野田疇

翩翩瀟灑的

挽著東勢老屋旁緋紅的香椿娉婷起舞

舉起又拉下

崑崙山老梅樹光禿的枝椏

谷風寒峭

一次又一次擦滅枯槁

拭亮著來年滿樹的

人間滋味

草莓優格聖代

　　站在南平山道田有機農場上方的鎮山宮，倚欄眺望花木扶疏的農園，橙花暗香湧動，遙想這片祖孫三代貫穿四十年風雨兼程的墾地，勢非一脈溫柔，想必也有它霜雪芳菲的日子。

　　因為錫葉藤絕美盛開，而成為網美聖地的埔里「南平山道田有機農場」，祖輩時原是梯田型態的秧稻種植，農場主人陳新豪回憶童稚時，因為父親是泥水工、媽媽在工廠上班，他跟隨農作的祖父母爬高走低，農田於是成為他第一所學校，素樸記憶裡粗茶淡飯盡是滋味。

　　1979年出生在埔里農村的陳新豪，大學時主修資訊管理，退伍後在工廠擔任倉管五年，但他的內心始終有一個夢想等待實現。南亞大海嘯那年，他看見媒體報導聯合國糧農組織（FAO）在《2004年世界糧食安全狀況》提到，飢餓和營養不良每年導致五百多萬兒童死亡。但反觀台灣，因為生產過剩許多農作被銷毀當肥料。

　　世界如此失衡，重重撞擊著陳新豪年輕的心，那一夜他跪在佛前發願，有一天他要用健康的蔬菜和兒童結緣，把他深信的佛法投入當中，讓食用者身心平安。為此，他在2010年返鄉成立產銷班，同時在台中開了一家蔬食餐館，希望藉此讓鄉民農產品多一個行銷通路，但理想終究難敵現實，一年後他燒光存款將餐廳結束。至此，他才真正

175

開始依願而行，展開他從農無悔的歲月。

　　為了經營叔、父共有的三分八的地，他前往官田友善大地企業跟隨創辦人楊從貴學習生態農業經營一年，返回埔里後他說服父親籌設生態農場，並輾轉在多個跟農作相關的單位兼職、任教和擔任義工，藉以推廣生態保育的觀念，像這樣用工作收入養理想、做兼農的生活，直到近年才得到改善。

　　提到生態農法的成果，陳新豪眼神瞬間變得精神燦亮，他說，這座大馬路邊的農場育有200種以上花木、20種以上果樹及15種輪種蔬菜，因為友善土地，農場裡目前發現有領角鴞、金線蛙等18種保育類動物，這是他堅持十年所交出來的成績單。

　　「以道為田」的有機農場裡最吸睛的要算是氣質高雅的女主人陳儀如了，曾任婚禮顧問的她，因為參觀農場促成了一段良緣，她在2018年底嫁給一樣茹素的陳新豪，她把蔬菜溫室當作婚禮場地般種植得五彩繽紛，白天跟蔬菜說話，夜裡放佛號給它們聽，因為真心對待，各色萵苣回報她蕾絲般的美麗花邊裙襬，而草莓也垂綴著殷紅璀璨的寶石。

　　如果沒有付諸行動，如何為夢想解密？走過十年鍛打淬火的農耕時光，終於為40歲的陳新豪，在他的土地上邂逅了美麗的妻子陳儀如，他們要一起在看似簡單卻是一種決心的生活裡，用錫葉藤編織桂冠，齊心打造青碧的王國。

草莓優格聖代

料理示範：張馥朵

· 食材 ·

草莓	5顆	鮮奶油	100g
鮮奶油乳酪	200g	海綿蛋糕	1個
優格	100g	巧克力威化餅乾	1塊
白砂糖	70g		

· 作法 ·

1　海綿蛋糕橫切1公分厚度，再用杯子倒扣壓切成2塊圓形。草莓洗淨，1顆切小丁，3顆切片約0.5公分備用。

2　鮮奶油乳酪、優格和白砂糖60g，用打蛋器打成泥狀備用。

3　在杯子底部先放切丁的草莓，上面放海綿蛋糕後，將切片的草莓沿著杯沿將心朝外貼放好之後，用湯匙或擠花袋將 [作法2] 放進杯中淹過草莓，上面再放一層海綿蛋糕。

4　鮮奶油和10g的白砂糖，使用打蛋器打發後，裝進擠花袋再擠進 [作法3] 中，上層飾以草莓和餅乾即完成。

香椿豆腐披薩

　　褪去隆冬外衣，山城東勢高接梨嫁接的農事才落幕，茂谷柑採收的忙碌又要開始，而這也是農曆年前這裡最後一場收成。即使臘月歲忙，熱情的秀玲姊依舊盛情邀約，張農夫祖厝裡幾個忘年姊妹淘，用50歲後人生第二個青春期的熱力，準備享受一整天田野的無聲療癒。

　　趁大家在廚房料理午餐的時光，男主人領著我再度踏入「東勢張爺爺茂谷柑」農園。依舊是整齊的綠色草地，只不過經過五年努力，多元草相因為友善耕作不用除草劑，與草共生的微生物軍團，終於活化了土壤、增強了地力，讓這片土地蘊含神奇能量，使得茂谷柑甜中帶酸別具風味。

　　「果園經過張師兄細心，充滿著愛與慈悲的照顧，每株果樹結實纍纍，果園好美、果實好壯碩！」曾三度到果園的前農委會主委彭作奎，在臉書上這樣形容它。

　　供不應求的口碑，總算為62歲才返鄉務農的張炳榮，回報以希望，也讓他為了這片土地，曾被委婉請出家門，三進三出的前塵夢影，有了無悔潛笑的安然。2015年因為父親老邁漸衰，他為守望客家傳統，決定返鄉親侍雙親，因此辭去社區經理職務返回山城東勢，並接手果園。

　　站在三十年前東勢種植的第一批茂谷柑前，暖陽下北風不冷。張炳榮說，那是暮春三月，新手農民的第一天，他滿懷鬥志的手持果樹剪站在父親身後，但威嚴如天的父親怕傷了果樹，竟不肯讓他修節剪枝，一星期後父親婉轉的請他回家。

　　下滑的健康讓家中如王的嚴父，不得不在掙扎中，對那片他鍾愛如子的土地修鍊自己的斷捨離，張炳榮也在波及的風雨裡，短短兩個月進出家門三次，直到父親被病痛磨掉想要一個模範生接班人的堅持。

　　頭一年7月，世界像火爐，他獨自一人在果實上，一顆一顆塗抹著防晒的碳酸鈣粉，面對樹枝上數萬顆茂谷，他曾厭煩得懷疑自己返鄉的決定，直到一個誦完經的夜晚，他在屋前仰望星空，如鍊的月光下，他突然了悟人間何處不道場？或許別人的禪修在蒲團，而他則要在金光燦爛的烈日下修行。

　　第二天起，他在每一顆柑橘上像是塗抹一個信仰的印記，一顆茂谷一聲佛；夏天過去，在工事結束的果園裡，再回首，他凝望的再不是曾經的埋怨，而是滿園經咒留下的祝福。

　　穿過古厝廚房，屋後的菜圃裡種著各樣充滿山林氣息的美味，為了寶秀姐巧手的山珍盛宴，我負責採摘香椿如鳥羽般的新芽。芳氣悍烈獨顯格調的香椿，為了矮化它方便摘取，大部分都難逃梟首的命運，然而這樣的新刀舊痕，卻年年無損它在枝頭再現紺翠的決心。

　　62歲，可以無懼於額頭上深邃紋理，砍掉重練，親近土地的張炳榮超越的不只是年齡，而是佛法讓他的人生，也在這裡開花結果。

香椿豆腐披薩

料理示範：林寶秀

· 食材 ·

香椿嫩芽	4小枝
硬豆腐	1塊
洋菇	6顆
素香腸	1條
中型番茄	2顆

· 調味料 ·

焗烤雙色調理乳酪絲	40g
油	2茶匙
醬油膏	1/2茶匙
糖	1/2茶匙

【番茄醬】

番茄切丁，鍋中用1茶匙油將番茄炒熱後，放入醬油膏和糖炒到收汁即可。

· 作法 ·

1 硬豆腐切成4等分，洋菇切片、素香腸切斜片備用。

2 鍋中放入1茶匙油，用中火將硬豆腐的六面煎成金黃色後放在烤盤上，用湯匙將番茄醬舀在豆腐上，上面再依序放3片洋菇、素香腸片、香椿嫩芽，最後鋪上乳酪絲。

3 200℃烤箱預熱3分鐘，放入 [作法2] 烤7分鐘即可盛盤。

焗烤番茄盅

　　走進元長鄉高廣敞亮的溫室，牛番茄正蓊鬱滋榮，一片殷勤造就出的挺拔濃密，報恩似的舒展在「潮農天團」團長方澤強的農園，農作寂寥，卻因揪伴成團，共好相惜，讓漫漫田疇迎來趣味與生機。

　　1990年出生雲林土庫的方澤強，大學畢業後即前往澳洲，用打工換宿走向世界，一年的農場漂鳥，讓性格爽朗的他有了更開闊的襟懷。2013年他在回國後，成了活動隊裡為人製造歡樂的領隊，幾個月後的某一天，因為同學農忙急需幫手，他在採收小黃瓜時領略了收成的喜悅。

　　這一次的田野登臨，讓出生民代家庭的方澤強，褪下人稱「小少爺」的光環，他辭去工作，在眾人質疑的眼光中下田耕作。他說：「看著作物長大，那是一種充滿生命力的感覺」。

　　為了滋長農耕經驗和汲取相關知識，方澤強在農場工作兩年，後來遇到了影響他至深的生命貴人──他口中的「哥哥」徐崇評。他說，哥哥是一個很真誠的人，熱情又願意分享，還不斷提攜後進，很多青農受他啟發，大家都很敬重他。

　　「我想要穿得帥帥的下田，我想當一名潮農夫」。在一次見面時，方澤強告訴哥哥他的夢想，沒想到一句玩笑話，2016年竟催生了台

灣第一個農民天團──「潮農天團」。以徐崇評為首的「7名潮農」，他們是在政府舉辦的農民大學專班認識的，農忙時他們彼此幫忙為伴，就算田野上陽光炙烈，連昂揚的作物都要低頭斂靜的勞作，從此有了青春歡鬧的盎然生氣。

這一群七、八年級生，他們理念相同，希望能為想加入農業的青年，指引方向提供經驗，同時，因為看見食安商機，他們也投入產銷履歷，並期望能將食安觀念分享給其他農民，創造共榮共好的農業環境。

「農業是一項偉大的志業」方澤強這樣堅定的告訴我，但不知道為什麼？我卻想起為了溫飽從農的父親，即便每天起早貪黑種出漂亮的楊桃，卻不敵盤商口中令父親眉間緊蹙的價格，有很多年，除夕夜性格剛烈的他卻必須教我撒謊，告訴登門的債主說他不在家。

農民像一個賭徒，賭局就設在天地間，而莊家就是氣候、蟲害、市場景氣，甚至是一個醫生、博士在電視上告訴大家，一個人類食用千年的水果，對人體有害的數據，然後那個倒楣的水果在市場上就此崩盤，多少賴以為生的家庭，被幾分鐘的電視新聞定格了命運。奇怪的是，那個主要生產區的村莊，卻從來沒有吃死過一個人。

「7個不成力量，我們希望有700個、7000個青農加入我們」。這一場賭局，方澤強手上握著的籌碼就是年輕，能不能造就更多像他這樣的有志青年，投入新時代生產糧食、蔬果的行列？身為消費者的您、我就是關鍵。

焗烤番茄盅

料理示範：林寶秀

· 食材 ·		· 調味料 ·	
牛番茄	2顆	**美乃滋**	40g
香菇	100g	**焗烤調味雙色乳酪絲**	60g
櫛瓜	50g	**鹽和黑胡椒粒**	酌量
玉米粒	40g		

· 作法 ·

1　將牛番茄挖成「盅」形，果肉取出，取20g果肉備用。

2　香菇、番茄果肉和櫛瓜切丁，乾鍋中火將香菇炒香後，依序放入番茄肉、玉米粒、櫛瓜、鹽和黑胡椒粒，再炒3分鐘熄火，最後加上美乃滋拌勻即是「餡料」。

3　將 作法2 的餡料填入番茄盅裡，上層簡單鋪上乳酪絲。

4　200℃烤箱預熱5分鐘，再將裝有內餡的番茄盅，一一擺入烤10分鐘即完成。

南瓜堅果拌過貓

　　經常聽溫財源、寶秀姐夫妻談到朋友經營的「櫻桃果古坑咖啡莊園」，12月冬陽和煦的假日，終於造訪了這座隱身在鄉間的世外桃源。漫步在渺無人蹤又幽深碧蔭的3公頃園區裡，暖日蒸香，讓人彷彿置身紅塵外；看著眼前綠茵靜對，我終於能理解2位都會的俊男美女，為什麼會將自己宿命般的交給土地。

　　莊園主人賴謙旗，原是一名海軍陸戰隊軍官，他回憶過去曾因任務的需要，半年才有機會回家一次；一整年在家時間通常才六十幾天，和家人聚少離多。錯過孩子的成長時刻，讓他體會到人生拚在軍階上實在毫無意義；因此，1997年他申請轉任教官，並於2012年從逢甲大學、以上校位階退休，返鄉照顧年邁的雙親。

　　軍旅生涯的許多錯過，像沁入泥土中的芽苗，日夜在賴謙旗心中掙扎成一個呼喚、一個座標，指引著他往「家」的方向走去。他說，當他決定退休返鄉的前三年，事先和父親溝通，將家中慣性農法栽種的幾千棵柳丁樹全數砍去，除了以自然農法改種自己喜愛的咖啡外，他也規劃園區中的六分地種樹。

　　自2009年開始，假日他會帶著妻子和3個小孩種樹，迄今已種下一千多棵各類樹種，而這植樹的行動仍還在持續中。

　　初次見到賴謙旗的妻子王瀅惠，很難想像眼前這位皮膚白皙、氣質優雅的美麗女子，竟是放下教鞭，換上鋤頭、鍋鏟，甚至駕馭怪手墾荒闢地的女漢子。王瀅惠原本在台中市大甲區開設幼稚園和安親班，她語帶笑意的說，自己是被「軟繩牽牛」騙回鄉下的，她以為的假日農夫，卻因眼見丈夫對土地的熱愛，她最後臣服於自己的美德，結束事業，決定在鄉間享受平淡，認真生活。

　　12月的冬陽下，茹素的園區主人雜種著各種蔬果的菜圃，紋白蝶恣情飛舞，友善耕作的土地上見不到一絲蕭瑟，彎身採摘過溝菜蕨（過貓）和南瓜時，遠眺西方那棵碩大美麗的百年茄苳，想像這樣邀景入室的鄉間生活，也難怪賴謙旗喜歡和家人在深邃的星空下吃晚餐，因為這個屋外的餐廳能享受都會生活觸及不到的天倫，只要一家人能在一起，粗食野菜也能營造出一個動人的美好時刻。

　　南瓜和過貓如何成為我在「櫻桃果古坑咖啡莊園」餐桌上，碰撞出動人的美好時刻？學會它，絕對不會辜負你的味蕾。

南瓜堅果拌過貓

料理示範：林寶秀

· 食材 ·

過貓	1把（約10兩）	**生腰果**	20粒
中型南瓜	半顆	**美乃滋**	酌量
百香果	3顆		

· 作法 ·

1　使用果汁機將「百香果果肉」打成汁濾渣，生腰果烤熟放涼後放入塑膠袋中拍碎備用。

2　南瓜削皮去子，切薄片用大火蒸透，待涼後壓成泥狀，拌入美乃滋、百香果汁和較細碎的腰果粉，調製成「南瓜堅果醬」。

3　大火將熱水煮沸後放入「過貓」汆燙（為保葉面青翠，須將水充分蓋過蕨菜）；待再次水滾後，即可起鍋放涼。將冷卻的過貓以10枝為一捆，使用壽司竹簾捲成條狀，並充分壓乾水分後，切成4公分的立柱狀。

4　用湯匙將南瓜堅果醬一一舀入盤中成井形排列，上面擺上過貓後，撒上粗粒堅果即可。

咖哩菜香茄滋味

第二度踏進位於中科園區附近的「惠中三好無毒農場」，風唱著蕭瑟，烏雲壓低了天際，四野曠盪的農場裡，只見鄭滿足像一尊雕像向大地屈躬，靜除惡草、素樸如雪，我立在她身後久久懷揣那份寂然宴默，那一刻，相信她已在時空之外。

2018年5月，在「佛光山惠中寺」建寺義賣中看見無毒農場作物，看似毫無顏值的蟲嚙葉面、嬌小之形，卻封存著草沁菜香的滋味，那是我首次嘗到喝著義工汗水長大的蔬菜。

2016年，國際佛光會大雅分會督導鄭素香，在一次會議中倡議，為了支持覺居法師照顧法師及義工健康的心意，她將提供近500坪的農地，種植安全無毒的蔬菜長期供應惠中寺食用，並號召佛光人投入這項計畫。

從初期拓墾十多人，到目前場長黃錦昌、鄭滿足和朱啓潭三人風雨一心的付出，經過兩年多，農場已成他們默游「拈來百草頭邊看，浩蕩華華葉葉春」的曹洞時光。

黃錦昌回憶2015年，佛光山中區總住持覺居法師希望他籌辦「惠中三好無毒農場」，當時毫無耕作經驗的他，為了完成託付，選擇暫別職場，在明道大學修習園藝課程3個月，隔年春天，他開始規劃場

區，並親自操作所有機具，從翻土、噴水到鋤草親力親為。目前他雖重返職場，但5點下班後必定直奔農場，日日勤耕守護。

農場開墾之初就投入至今的鄭滿足，在她斑駁的雙手中很難不去看那崁入指縫的垢痕，它像一絡絡戒疤，說著她行持深邃的高潔。雖然在幼兒園兼職，但每天早上10點，鄭滿足會帶著便當到園區耕作，直到下午3點再趕到學校送學童回家。她發願持誦的30萬遍〈準提咒〉，二年多來，不論是烈日炎曬或北風拂來，能讓她不疲不倦。

2014年從中華電信退休的朱啓潭，不久前在溪頭摔斷右手骨，動過手術才休養幾天就在農場發現他的身影，負責盡職令人動容。他說：「農場像大殿」一草百納三千界，透過每天接近大自然的機會，讓他用理工思維去推敲佛法浩瀚，他非常享受那樣的快樂時光。

覺居法師素來重視「食農教育」，他說，消費者的選擇，決定農民的種植方向。未來農場在新惠中寺落成啓用後，計畫以此為基地，在都市禪學營中加入自然禪法，讓學員透過耕作，在大自然萬象流布中學習潛心內觀。

「惠中三好無毒農場」種植近40種作物，從果樹、香草到蔬菜，12月這個季節正值「茄子」和「秋葵」產出，好食材配上暖胃的咖哩，秋冬的餐桌將多一道瀲灩的色彩。

咖哩菜香茄滋味

料理示範：林寶秀

· 食材A ·

茄子	4條
秋葵	5根
馬鈴薯	2粒
西洋芹	2瓣
胡蘿蔔	2支
秀珍菇	1包
黑胡椒粒、油	少許
冷水	1碗
鹽	酌量

· 食材B ·

咖哩粉	1大匙
中筋麵粉	1小匙

· 作法 ·

1 將茄子切滾刀塊、西洋芹切丁、馬鈴薯和胡蘿蔔切塊備用。

2 鍋中放入蒸架和水，開大火待沸水大滾蒸氣蒸騰時，直接在蒸架上放上茄子，大火蒸3分鐘後盛盤放涼。

3 以「蒸茄子的水」，將秋葵汆燙1分鐘後撈起，放涼後切丁備用。

4 鍋中將油燒熱至60˚C後，放入 食材B 拌炒，聞到咖哩香氣時，立即倒入冷水攪拌燒開。先放鹽及黑胡椒粒調味後；再放入馬鈴薯、秀珍菇、胡蘿蔔和西洋芹，起鍋前拌入茄子，盛盤後撒上秋葵即可。

茶油香煸麵腸

　　2019年底，因為擔任一場微電影評審，與草嶺「金壁咖啡」負責人李竹吉先生有了一面之緣。早已耳聞他的山中傳奇，在一個當地櫻花、杏花盛開的初春，和長期關懷他的台灣心境探索協會創會理事長彭仁虹女士，沿著草嶺石壁社區一路櫻花緋紅中，再度見到這位曾一手撐起草嶺繁華的人。

　　春寒的珠露仍掛滿山櫻花的早晨，矗立「金壁咖啡」前的石壁山仍風捲雲動氣勢懾人，彷彿來自天上的閒雲落到人間後，也不免要為世事大吐煙嵐萬頃。1938年出生的李竹吉，在普遍生活艱困的40年代畢業於斗六高農，服公職多年後為照顧父母返回出生地「草嶺」。

　　由於父親曾任鄉民代表，返鄉那年適逢鄉民代表補選，在地方人士半推半就下，他初披戰袍便一舉攻克對手，才30歲就成為地方政治的明日之星。李竹吉說，早年的草嶺沒電、沒公路，父親不但在1962年為地方爭取農村電氣化，還免費提供食宿給途經當地的挑夫，「流人無害、流水無毒」。這是父親常對他說的話。

　　草嶺是日據時期的古戰場，土地均屬公有，從小耳濡目染父母的樂善好施，年輕的李竹吉一上任便積極規劃草嶺的各項建設，從草嶺公路的興建、拓寬，到跑遍全台連署了45位省議員，耗費多年後成功

爭取到公地放領，甚至跟救國團合作營隊。1979年他所屬，連已故前總統蔣經國都曾經入住的「新明修大飯店」落成，更將他帶往人生巔峰。

躋身人生勝利組的李竹吉，如何想得到他傾一生之力打造的草嶺風華，最終因道路拓寬的土地徵收與人結怨，竟為他埋下日後身陷囹圄的禍端。由於蘭花園未經合法申請，1998年李竹吉因違反山坡地保育法入監服刑7個月，一年後妻子因病抑鬱而終，從此家破人亡。

把人生看透，是修道的第一步。從擁有15甲地和上億家產到一無所有，殘酷的空花一夢，也曾給四十年一貫道信仰的李竹吉有過傷痛與疑惑，直到曾在家幫傭的越南籍移工阮玉梅得知他的困境後，為了報答過去照顧的情誼，遠從1700公里外提燈而來，與他在黑暗中並肩同行。

他們在租賃的六甲地種咖啡和苦茶樹，租來的房子拼湊了幾張桌椅，做起簡餐生意，高原的冬天年平均5℃，除了咖啡香、苦茶芳馥，在歲月靜好，潛笑安然中，這裡還有最美的人情相伴。

茶油香煸麵腸

料理示範：林寶秀

· 食材 ·

小條麵腸	5條
杏鮑菇	3支
薑片	10片
紅辣椒	1根
九層塔	少許

· 調味料 ·

苦茶油	5大匙
醬油	2大匙
糖	1大匙

· 作法 ·

1　洗淨所有食材。每條切4段並由外向內翻，杏鮑菇切4段雙面用刀輕劃井字型，紅椒去子切細條狀備用。

2　鍋中放入苦茶油、薑片一起爆香，倒入麵腸炒酥後先撥到鍋邊，再放入杏鮑菇炒約5分鐘，加入醬油、糖一起拌炒均勻後，再加入九層塔、紅椒即可。

焗烤南瓜味自慢

　　踏出曾家二哥種植栗子的溫室，里港三廍村的黃昏有一點空寂，彷彿委婉訴說著許多友善土地的躬耕者，曾有過的傳統羈絆與渴求突破的心境，然而，經過無數的堅持後，待得收成時，那堆積如山乏人問津的瓜果農作，卻常讓執意為落霞而飛的孤雁，落得如李清照筆下的「凝眸處，從今又添，一段新愁」。菜土菜金的困境。

　　曾麗芬是我共事17年的同事，性格有點孤僻神秘，但為了和外界連結，2006年，她以兩隻愛犬「Rich先生和Coco小姐」為名書寫部落格，除了記錄毛孩的生活，也為喜歡的美食寫評論，她的部落格造訪人次超過389萬，並曾二度獲選中華電信百大部落客。由於她落筆精準深具品味，圖文也曾被知名媒體引用，所以當她以「味自慢」推薦自己二哥種的南瓜時，同事們完全不會懷疑。

　　年底前，正值「東昇南瓜」和「栗子南瓜」的產期，聽麗芬說二哥家今年的南瓜品質鮮甜美味，但1000顆的產量若是交由盤商收購，近半年的辛勤將血本無歸，因此，幾個熱血同事決定親自前往購買，用實際行動表達支持。

　　行過砂石車急馳、漫天飛沙的里港引道，二哥曾志評和妻子楊貴香早已在寬敞的屋宇前等著迎接我們，靦腆的笑容裡藏著謙遜和厚道

，一種芬芳，不顯自彰。

在曾志評的引領下，我們一行人走入屋後占地600坪的溫室。二哥很沉默，但映入眼簾乾淨平整的南瓜筆挺的蔓生昂首，每個植株上只留兩顆南瓜，在無風無雨的環境中從容成長，而地上一個垃圾都看不見的潔癖，出身農家的我不必再聽什麼繽紛的人生故事，完全能理解他不顧家人反對，舉債搭建溫室的堅持，我相信，一種深植生命追求美好的底蘊，不是行運蹇澀、浮世價值得以改變的。

曾志評早年協助父母為政府的「作物種原中心」種植數百個番茄

焗烤南瓜味自慢
料理示範：林寶秀

·食材·

中型南瓜	1顆
沙拉醬	1/3碗
青黃紅椒	各1/4顆
黑胡椒	酌料
鹽	少許
白鑽菇	80g
雙色焗烤乳酪絲	40g

、茄子品種，守護台灣原生種基因，同時也為農試所無病毒的豇豆培育種籽，提供農民大量栽種，在這項農業永續經營的關鍵中，除了學習精良的農耕技術，他也看見身為農民該有、應有的社會責任。

　　農曆年前，向二哥訂購一批栗子南瓜，巧手的麗芬特別幫我繫上應景小卡讓我體面的餽贈親友，沒想到大家竟捨不得吃，不約而同的將它們作為春節家中擺飾，而我挑了一顆美麗的東昇南瓜，讓新年的餐桌，多一份過節的精采。

· 作法 ·

1　青、黃、紅椒直切細條狀，白鑽菇切1公分小段備用。

2　南瓜去籽切1公分片狀，大火蒸約6分鐘後取出。

3　冷卻的南瓜放入 [椒鹽沙拉醬] 輕拌均勻後倒進烤盤，上面撒上乳酪絲，再依序鋪上白鑽菇、彩椒。喜好重口味的朋友，可依個人喜好，最上面放上少許乳酪絲和迷迭香。

4　烤箱預熱10分鐘，全火250˚C，烤10分鐘即可。

【椒鹽沙拉醬】將鹽、黑胡椒一起放入沙拉醬中拌勻。

鮮彩元氣大白菜

　　大地在最後一個節氣吐納大寒氣息，枝頭褪盡了黃葉，正蓄勢等待來春返魂復甦的璀璨，每到這般料峭寒冬之際，住在東勢的二姊會送來幾顆山東大白菜，6個兄弟姊妹當中，就屬她最像母親，除了操持農務、擁有一身好廚藝，百坪農舍旁還種著芥菜、高麗菜和大白菜，那些充滿我們兒時回憶的庶民青菜。

　　時序走到「冬尾」，常讓我想起抓菜蟲的往事。和當時許多收入微薄的農家一樣，母親在楊桃園旁留一小塊空地種菜補貼生活，每逢冬天蔬菜盛產的季節，菜蟲像儲備戰力一般，貪食著母親辛苦栽種的蔬菜，聽說牠們都是在夜晚出擊，而我們家的農地又緊鄰著墳場，膽小的母親於是在晚餐後，帶著我們所有孩子參與這場家園保衛戰。寒夜的星星彷彿凍結在天幕，和目光炯炯圍著菜圃抓蟲的我們，閃著同樣掙扎的光芒。

　　小時候家境不好，聰明的母親非常擅長用取得容易的食材為我們的健康補強，她認為，依著時令作物吃當季食材，就是最好的節氣養生。作為一個農民，她不但用料理展現對季節性的通盤了解，因為家裡吃飯的老小不少，她也不得不用最省錢的方式幫我們強筋健骨、養肺顧氣。

　　尤其是進入秋冬，這個一般人最重視養生的季節，果園裡的酸楊桃燉冰糖、門前梨樹上的粗梨熬紅棗、將鄰居送的橘子鹽烤，這些都是我們的零食兼補品。中醫認為，冬天對應五行要多吃「白色的食物」，我們討伐成功而存活的大白菜，自然成為餐桌上母親經常的菜色。她用冬粉代替魚翅，放進田埂上祖父種的金針花乾、胡蘿蔔和香菇，再拌點沙茶醬、淋上烏醋，一道味美繽紛的除夕大菜，每一年都要折服全家的味蕾。

　　醫典記載，百菜之王的「大白菜」微寒味甘，有養胃生津、清熱解毒的功效。寒冷乾燥的天氣會導致皮膚、氣管出現不適，加上冬天容易吃進過燥的食物，影響腸胃機能順暢，因此養生專家建議，可以多食用大白菜所搭配的菜肴，會有一定的養生保健功效。大白菜性偏寒涼，烹調時可以用麻油薑中和它的寒性。

　　母親是我最早的料理老師，雖然如今她已老邁臥病，但卻經常出現在我氤氳飄漫的廚房裡，倒敘著我曾捧在飯碗裡的幸福，我相信，那正是一個母親最貼近子女內心的絕代風華。

鮮彩元氣大白菜

料理示範：林寶秀

· 食材 ·

大白菜	半顆
乾金針	10朵
豆皮	1個
蒟蒻仁	10粒
素餘翅	1/4包
玉米筍	半盒
小支紅蘿蔔	半根
鮮香菇	3朵
老薑	5片
青豆仁	少許

· 調味料 ·

芝麻油	1大匙
黑醋	1小匙
鹽和白胡椒粉	酌量

· 作法 ·

1　乾金針先泡水，青豆仁滾水汆燙3分鐘放涼。所有食材清洗乾淨後，將大白菜切小段、玉米筍直對切、香菇1朵切成4塊、紅蘿蔔切片、豆皮剝成每片約5公分備用。

2　冷鍋放芝麻油，用小火煸香薑片和鮮香菇後，放入大白菜梗，接著依序放素餘翅、大白菜葉、蒟蒻仁、金針、豆皮，然後蓋上鍋蓋中火燜煮約4分鐘，再放入玉米筍拌勻烹煮5分鐘。

3　起鍋前依個人喜好，淋上黑醋及白胡椒粉，最後撒上青豆仁即可上桌。

高麗菜黃金福袋

　　年前，穿行在合歡山和畢祿山間的公路，冬天的高山植被金黃綿延，披著凍傷的外衣，株株相依抗寒，但嚴峻的大地裡，來春繽紛的能量蓄積才正要開始。

　　初雪前，幾波寒流擋不住大山裡友情的召喚，這是多年來，怕冷的我，第一次和外子一起前往梨山參加消防分隊的尾牙宴。

　　2019年外子奉派梨山消防分隊任職一年，歲月過去，但那份親切感彷彿沒有離開，那是在曠野山林住過的人，才會懂的豪邁。我們在黃昏前抵達，幾個義消兄弟家的茶香，已經在爐火旁等候，才坐下喝著山氣鮮明的梨山茶，身上塵埃還沒落下，甜柿、雪梨這些伴手禮就在一片熱鬧聲中被搬上車。

　　從下榻的旅館到梨山賓館宴會廳才短短1公里，那天我們走了3小時。

　　每年初冬，不管是宅急便或打火兄弟親自送來的高山蔬果，十年沒有間斷，其中潘治鈴大哥種的「高麗菜」是我的最愛。有別於平地，梨山冬季的高麗菜，纖維細緻又飽水鮮甜，除了下火鍋，孩子們最喜歡爆蒜片不加水清炒，趁著遠行梨山，我特別在第二天早上，跟隨潘大哥前往他在老部落的高麗菜園。

　　已是早上8點多，環山圍繞的梨山老部落陽光才開始露臉，9℃的天空水藍無雲，氤氳山嵐還沒醒來，一條如絲細線陰暗分明的切割著山谷台地，隨著太陽升起緩慢游移，宏大的場面，讓我終於明白，潘大嫂林雲玉為什麼三十幾年來，明明每天清晨6點前就要開始農忙，卻說這是無拘無束的生活？大山深處，農桑根本，原來這裡是沒有塵勞黏戀的淨土。

　　四十年前剛退伍的潘治鈴跟隨父親在梨山種蘋果，沒想到，從此他鄉變故鄉落腳於此。因為經濟因素，多年前他轉行做鋼架屋包商，3分地年產量約1萬顆高麗菜，則由妻子林玉雲管理。

　　因為大面積一次性栽種，導致在產量過剩時血本無歸的慘痛經驗，現在除了春天，其他三季分批種，反而每天都可收成。清晨採收高麗菜後，潘大嫂用小貨卡運到梨山賓館前，自產自銷，免去中盤剝削後，山中歲月從此更為安穩。

　　海拔1800公尺的老部落坡地，陽光開始灑在趕上年關消費大潮的高麗菜上，綠晶閃閃，嚴峻天候催生著大自然賜予的天香，又是豐收的一年，我在心裡合十感謝，大地的力量與農民的勞神，最終成就了我們餐桌上的風采。

高麗菜黃金福袋

料理示範：林寶秀

· 食材 ·

高麗菜	800g
南瓜	450g
生豆包	5塊
青花椰菜	1小朵
青豆仁和香菜	少許

· 調味料 ·

鹽	30g
白醋	300g
糖	300g

· 作法 ·

1　高麗菜洗淨後折段用鹽醃製4小時，過程中要攪拌一次，之後將高麗菜水分擰乾並放入白醋和糖拌勻，裝入玻璃瓶內放進冰箱冷藏，2天後再倒放，讓高麗菜充分吸收湯汁，再經過2天靜置就可食用。

2　將南瓜洗淨切成6塊，放入電鍋蒸8至10分鐘，放涼去皮搗成泥。醃漬過的高麗菜去掉水分後，與南瓜泥攪拌均勻即成黃金泡菜。

3　花椰菜和青豆仁燙熟備用，將生豆包在熱油中炸酥放涼對切，打開對切後的豆包將黃金泡菜裝填進去，上面以青豆仁和香菜裝飾，盛盤時中間再擺放青花椰菜，便成一道討喜美味的宴客菜。

鴻運長年呷芥菜

　　芥菜的冬日，當萬物一片鬖黃，寒風凜冽的菜園裡它卻益發盈煌發翠，尤其農曆年前，應過節之需，大宗的攤晾在主婦面前，等著長年菜上桌，新年的味道被瀰散開來，而這也是我生命裡，記憶幫我定義的過年的味道。

　　「記憶，不只關於過去，它還決定未來」。我很喜歡電影《記憶傳承人》裡面的這句對白。

　　兒時農村的四季，輪迴著各種美麗的人情味，長長的夏天，黃昏的門口除了紅霞滿天，總是充滿農家歸人順道饋贈的情感厚味，豇豆、絲瓜和瓠瓜，就這樣在溽暑裡三道輪迴在每家每戶的餐桌上。

　　而霜降的臘月，卻是一年裡我最喜歡的季節，因為看完廟口收冬戲之後，醃鹹菜的好鄰居總動員，每一年都會在我家晒穀場和屋簷下上演，5、6個家庭大大小小幾十個人，難得在農忙後享受著歡快的合作氣氛，各自把他們晾晒在我家門前的芥菜，搬到屋簷下，爸爸則從屋裡抬出一包在農會買回來的粗鹽，俐落的拉出一根棉線，布袋口就瞬間打開，大家的媽媽開始在大臉盈裡的芥菜上撒鹽，並使勁搓揉。

　　當芥菜開始轉暗綠色略帶透明感之後，大孩子就抬著它們整齊的放進大醃缸裡，學齡前的我們，則負責赤腳在上面踩踏夯實。每天四

野亂竄，腳上早已傷痕累累的我們，竟忍得住鹽巴鑽進傷口的疼痛，嘴裡雖哇哇叫痛，心裡卻希望這一天的落日別太早到來。美好溫暖，我在小小年紀就祈禱它永遠日不落。

我還在芽苗階段的童年農村生活，教會我看見「和諧在集體勞作時所產生的力量」，在往後的職場人生，它因此成為我在人事主管身份上的護身符。芥菜種子在耶穌口中是天國的象徵，暗喻種子雖小，卻包含無限生命的可能；每一個全新的生活歷程，就是一枚芥菜子，不論好壞，當你回眸，它都可能成為一份記憶裡的美好。

 ## 鴻運長年呷芥菜

料理示範：林寶秀

· 食材 ·

包心芥菜	1顆
鴻喜菇	半包
白菇	半包
玉米筍	1包
紅彩椒	1顆
薑	5片

【玻璃芡】

香油1/2茶匙、白胡椒粉
1/4茶匙、開水100c.c.、
鹽1茶匙、糖1茶匙

· 調味料 ·

醬油膏	1大匙
鹽	1小匙

「芥菜」盛產在12月至隔年1月，直到春花燦爛，它就在季節中退場。這些年，圍爐的餐桌少了父親的位置，雖然長年菜的桌上沒有地久天長，但它曾流動在家族幾代的老味道，卻經年長在，像一條臍帶，把我從出生到現在的幸福串在一起，它多少曾撫慰過我的鄉愁。

簡單的食材雖歷經歲月，依然堅守滋味毋須雕琢，卻讓人繾綣想念，或許是因為老味道在曠闊的時空裡，薈萃了往事，記憶裡永遠有一個它重要的位置。

· 作法 ·

1　所有食材洗淨，將「芥菜」依其弧度修成船型、紅彩椒切丁備用。水中加入薑片和1小匙鹽，滾沸後分別放入芥菜汆燙10分鐘、玉米筍燙1分鐘、紅彩椒丁過水燙一下即刻撈起。

2　將油和薑片一起下鍋煸香後，放鴻喜菇和白菇炒3分鐘，將醬油膏從鍋邊倒入熗香，快速拌勻後撈起，待涼後放進小碗裡夯實壓緊。

3　玻璃芡的調和：將香油在鍋中燒熱，再加入開水燒開後，放入糖和鹽調味後盛起，即為 ［玻璃芡汁］ 。

4　將 ［作法2］ 碗裡的菇，倒扣在盤子中間，再將芥菜和玉米筍錯開擺盤後，將紅椒丁沿著菇的邊緣均勻放入，最後在芥菜和玉米筍上面淋上 ［玻璃芡汁］ 即可。

健康開運迎吉祥

　　好友麗銖嫁入一貫道家庭多年，她先生璟銘說，家裡年夜飯吃的都是當天下午拜過祖先的菜，除了平常吃的菜色，增加的主菜年年幾乎都是「滷味」、「炸物冷盤」和一盤自製的「蘿蔔糕」三道輪迴。

　　為了讓璟銘團圓飯不再哀怨，姐姐妹妹決定站出來，為那「三道輪迴」加持一番，幾經討論後，淑君設計了「福、祿、壽」三道吉祥又營養美味的圍爐大菜——「素獅頭煨白菜」、「蘿蔔糕佐XO醬」和「山藥南瓜盅」。

　　「素獅頭煨白菜」。這道年菜主食材為豆腐，取其「天官賜福」、「洪福齊天」的口彩，獅子頭是滿漢全席的宮廷菜，也是年菜不可或缺的佳肴，加入多種高纖蔬菜健康又有口感。傳說封神榜裡玉皇大帝曾命獅子下凡降服疫病，因此，「獅子」在華人成為吉祥象徵。

　　「蘿蔔糕佐XO醬」。蘿蔔糕有好彩頭、步步高升、進爵封祿之意。這道延伸於伍子胥糯米粉製磚，讓百姓免於餓死的年糕傳奇，歷經演化成為台灣團圓夜家戶必吃的美食。年前正值蘿蔔盛產，甜美又便宜的蘿蔔糕佐上噴香的「XO醬」，馬上把平民美食升級成豪華版，吃不完的「XO醬」裝罐後冰起來，可拌飯拌麵或當伴手禮，一舉數得。

　　「山藥南瓜盅」。南瓜是長壽的食物，素有「養生瓜王」美名，

日本人在冬至會吃南瓜，藉以祈求「金運」，由於南瓜金黃透體，削皮後的山藥色如白玉，也有「金玉滿堂」的吉利，這道藏風得水、封存食材甜味的山藥南瓜盅，即使涼了，也不失風味。

　　過年圍爐夜，麗銖的秘密武器，相信一定能讓璟銘大快朵頤，也希望「福、祿、壽」三道，時時輪迴在這對善男子、善女人的美滿家庭。

 ## 素獅頭煨白菜

料理示範：滕淑君

· 食材 ·

板豆腐	2塊	**太白粉**	3大匙
荸薺	6粒	**芹菜**	1枝
小冬菇	6朵	**香油**	1/2小匙
胡蘿蔔	半根	**香菜**	少許
薑	5片	**味醂**	2大匙
日本山藥	1塊（約5公分長）	**醬油**	2大匙
大白菜	半顆		

· 調味料 ·

醬油　　　　1大茶匙

五香粉　　　適量

白胡椒鹽　　適量

· 作法 ·

1　大白菜剝洗切對半，胡蘿蔔、荸薺、小冬菇、2片薑切碎，板豆腐搗碎後用布包起來擰乾水分後加入 [調味料] 。

2　山藥磨成泥、調味好的板豆腐、荸薺、小冬菇、紅蘿蔔、碎薑一起攪拌，太溼時則加入適量太白粉後捏成如雞蛋般大小備用。

3　將太白粉2大匙加少許水，調成糊漿平均淋在豆腐球上。

4　油燒熱約180℃，將 [作法3] 入鍋油炸，約1分鐘定型後再翻面，直到雙面金黃再撈起備用。

5　砂鍋中放入3片薑、大白菜、芹菜1整支及味醂、醬油，加入清水蓋過白菜燜煮半小時後，放入炸好的丸子，小火燜煮10分鐘，起鍋前淋上香油並點綴少許香菜即可。

蘿蔔糕佐XO醬

料理示範：滕淑君

· 食材 ·

蘿蔔糕	1塊
XO醬	

· XO醬 材料 ·

杏鮑菇	半斤
金針姑	3把
猴頭菇	10顆（現成品）
麵腸	3條
豆乾	6塊
素火腿	50g
生辣椒	半碗
薑絲	半碗
花生油	2大匙
芝麻油	1大匙
沙拉油	適量

· 調味料 ·

醬油	3大匙
素蠔油	2大匙
砂糖	2大匙
豆瓣醬	1大匙
辣椒粉	1大匙
素沙茶	1大匙
冬菜	1大匙

· 作法 ·

1　杏鮑菇順撕成細小長條，金針菇對半切段、豆乾及素腿、猴頭菇切小丁，麵腸剝成細小片。

2　沙拉油鍋內燒熱約150℃，將 [作法1] 的食材，依序炸至金黃色後撈出備用。

3　鍋中放入花生油，將 [調味料] 入鍋以小火拌炒，釋出香味後放入 [作法2] 的食材及芝麻油，再加入炮炸過XO醬材料的沙拉油（蓋過主料較能保存）略為拌炒後起鍋。

4　蘿蔔糕煎香後鋪上適量 [XO醬]，即可擺盤上桌。

山藥南瓜盅

料理示範：滕淑君

· 食材 ·

栗子南瓜	1顆
黃帝豆	10顆
木棉豆腐	1塊
本土山藥	200g
冬菇	3朵
大素蝦	2隻

· 調味料 ·

鹽	1/2小匙
白胡椒	少許
玉米粉	2小匙

· 作法 ·

1　南瓜1/3處橫向切開，將籽挖掉。

2　冬菇、素蝦切丁，黃帝豆汆燙去皮，山藥蒸軟後搗碎。

3　豆腐搗碎用布擠乾水份後加入 ⌈作法2⌋ 和 ⌈調味料⌋ 充分調勻做成內餡。

4　將餡料填入南瓜裡，放進預熱的蒸鍋蒸30分鐘。

5　蒸熟的南瓜盅端上餐桌前，可切成8等份後再淋上 ⌈芡汁⌋ 即可食用。

【芡汁】素高湯1杯、醬油1匙、太白粉水少許

素食地圖系列 ⑫

小農餐盤——

48道人間覺味

作　　者	蔡招娣
社　　長	妙熙法師
主　　編	陳瑋全
攝　　影	卜趙洲、李姿瑩、郭子洋、曾巨宏、 楊祖宏、蔡招娣、羅元廷
文字校對	吳素慧
美術設計	林鎂琇
出 版 者	福報文化股份有限公司
發　　行	人間福報社股份有限公司 http://www.merit-times.com
地　　址	台北市信義區松隆路327號5樓
電　　話	02-87877828
傳　　真	02-87871820
	newsmaster@merit-times.com
總 經 銷	時報文化出版企業股份有限公司
地　　址	桃園市龜山區萬壽路2段351號
電　　話	02-23066842
法律顧問	舒建中
劃撥帳號	19681916
戶　　名	福報文化股份有限公司
初版一刷	2022年5月
定　　價	新台幣250元
ISBN	978-986-91811-7-4（平裝）

國家圖書館出版品預行編目（CIP）資料

人間覺味 / 蔡招娣著. -- 初版. -- 臺北市：
福報文化股份有限公司出版：
人間福報社股份有限公司發行, 2022.05
面；公分. --（素食地圖系列；12）
ISBN 978-986-91811-7-4(平裝)

1.飲食 2.素食 3.蔬菜食譜 4.文集

427.07　　　　　　　　110006760

植萃保養 簡單無負擔

BERLYETAGA

台灣植萃保養品牌
—— since 2012 ——

我們相信 ——

大自然擁有著強大的生命力及自癒力，
可以安全且有效的調理與修護肌膚。

我們堅持 ——

運用珍稀的植物活性萃取物，
以及尖端科技研發，
創造自然純淨且有效的美容產品。

BERLYETAGA 服務櫃點

微風廣場-松高店 1F	微風廣場-南京店 1F	微風廣場-信義店 B1F/3F	微風廣場-南山店 B1F
復興SOGO百貨 5F	信義遠百-A13 B2F	中壢大江購物中心 1F	竹北大遠百 6F
台中大遠百 北棟5F	大魯閣新時代 1F	新光三越-嘉義垂楊店 4F	新光三越-台南新天地 B區4F
台南大遠百-成功店 1F	高雄大遠百 B1F	高雄夢時代 3F	義享天地 2F

柯薇草本企業股份有限公司　　台中市西區台灣大道二段307號23F　　客服專線:0800-586-668　　www.berlyetaga.com.tw　　[f] Berlyetaga 柏麗塔嘉

最大蔬食生活平台在

福報購

FUIGO

安心享用
只使用最天然及綠環保 有愛環境

嚴選品牌
層層把關 選出最優良的廠商

滿分保證
擁有各大合格認證 滿意度百分百

客服聯繫：(02)2733-9300
地址：110台北市信義區松隆路327號5樓
email：service@fuigo.com.tw